# 数学的故事

*The Story of Mathematics*

[英国]理查德·曼凯维奇(Richard Mankiewicz)/著
冯速 等/译　沈以淡 王季华/校订

海南出版社
HAINAN PUBLISHING HOUSE

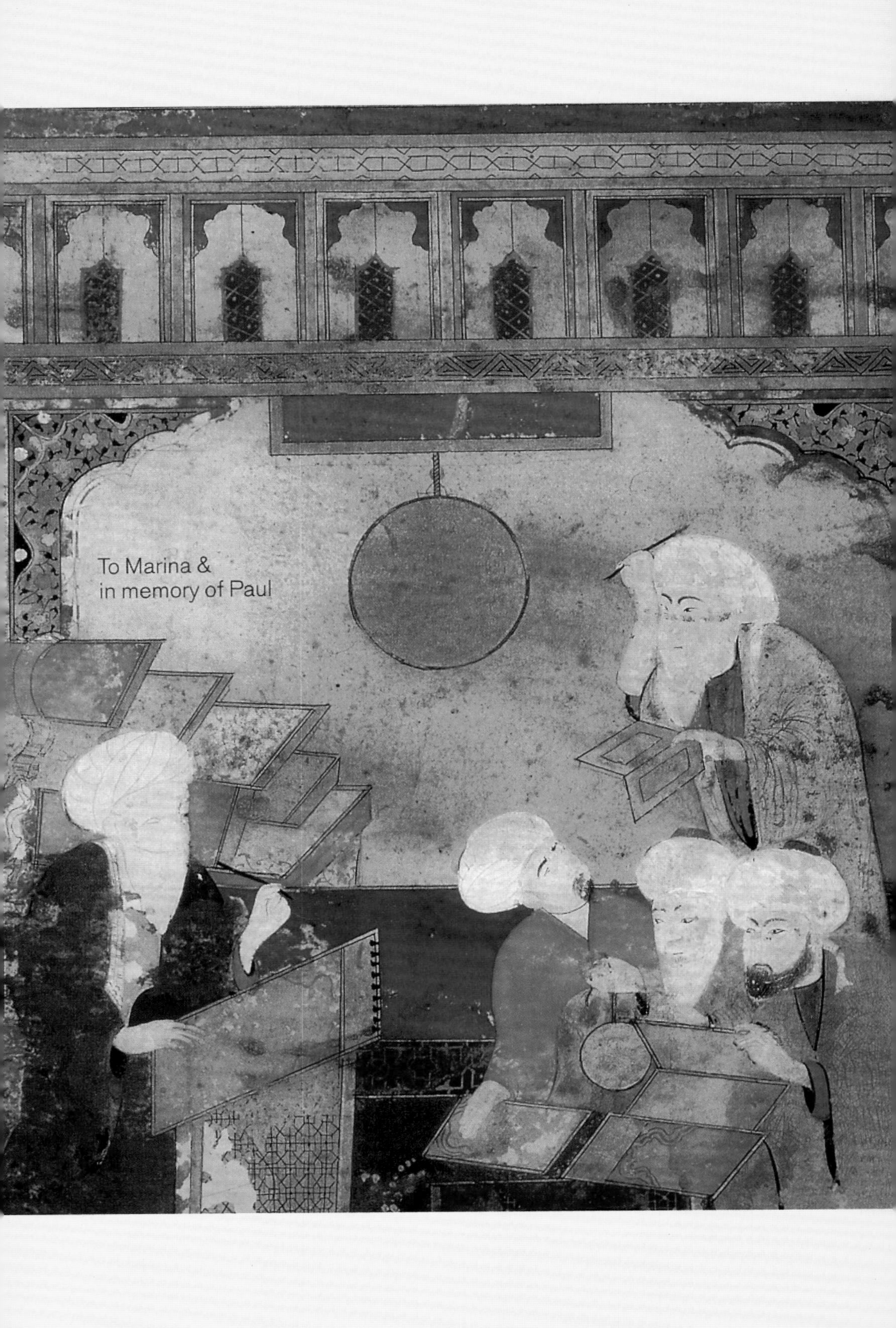

To Marina &
in memory of Paul

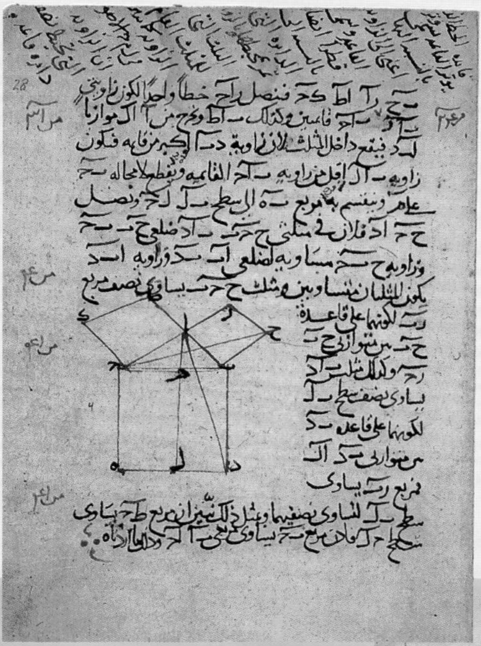

◄ 阿拉伯教科书中所讨论的毕达哥拉斯定理。证明沿袭了欧几里得的“风车”图表的几何证明方法。

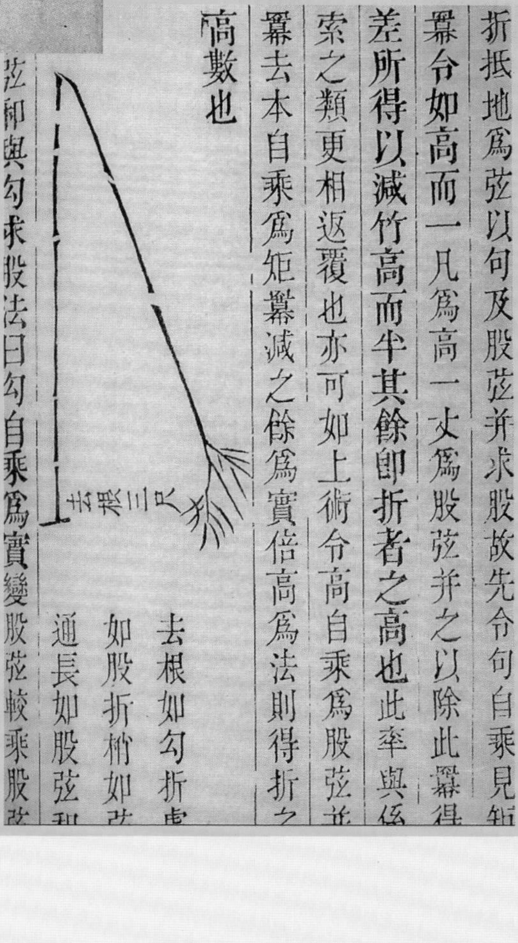
折抵地爲弦以句及股弦并求股故先令句自乘見
冪令如高而一凡爲高一丈爲股弦并之以除此冪得
差所得以減竹高而半其餘卽折者之高也此率與
索之類更相返覆也亦可如上術令高自乘爲股弦
冪去本自乘爲矩冪減之餘爲實倍高爲法則得折
高數也
去根三尺
去根如勾折
如股折梢如
通長如股弦
弦和與勾求股法曰勾自乘爲實變股弦較乘股

◄ 纳西尔（1201 ~ 1274 年）在他所创建的天文台中。波斯的天文学家和中国的天文学家在天文台共同合作。天文台因有长达 4 米的象限仪及丰富的藏书而闻名于世。经过 12 年的观测，纳西尔发表了介绍行星和恒星位置的《伊儿汗历》。

► 杨辉的《详解九章算法》（1261 年）中的“断竹问题”。该书详尽地解说了《九章算术》中的计算方法。书中断竹形成的直角三角形，被用于解决与毕达哥拉斯定理相关的许多问题。

▲ 1492年跟随哥伦布航海的科沙，于 1500 年绘制的世界地图中的地中海和北非部分。

► 最早的阿拉伯星盘。9 世纪由伊拉克人艾哈迈德·哈拉制作的星盘是一种模拟计算机。能够用于测量时间，预测星体的位置，也可以进行勘测。

▲ 16世纪洛克曼的土耳其语手稿《历史的珍宝》。手稿描绘了穆斯林宇宙论的奥秘。每个“行星”都对应于一位先知，包括摩西和耶稣。越过黄道十二宫和月宫，我们可以看到天使的王国、通向天堂之门以及推动着宇宙的天使们。

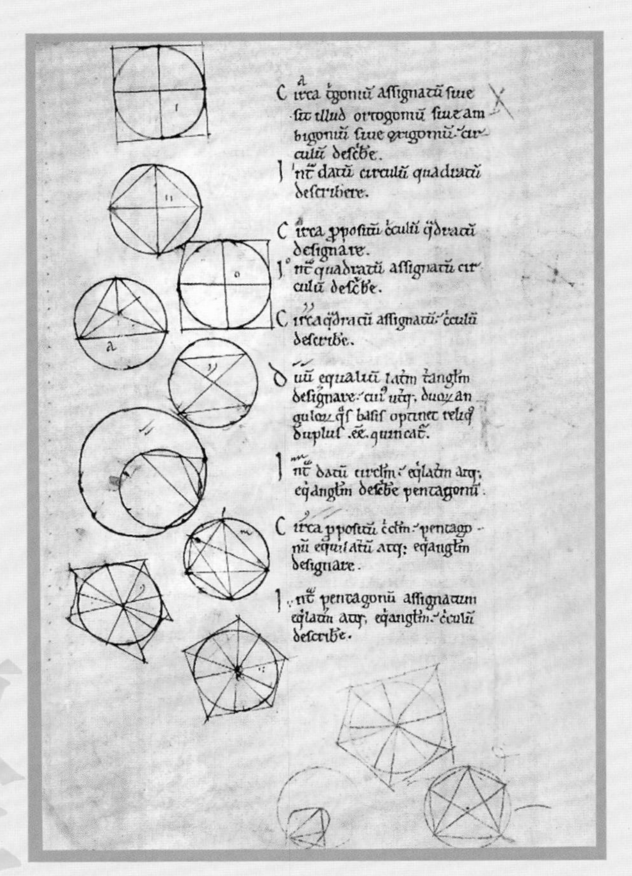

◄ 发现于阿拉伯的中世纪《几何原本》（拉丁语版）的一页。通常被认为是巴斯的阿德拉德所写的，也可能是更早的版本。这里的命题是仅借助于图形给出的。这一版本的第一卷中含有关于证明的注释。中世纪，人们对几何的学习仅局限于《几何原本》中最简单的部分。

▼ 这是一个非常流行的内皮尔计算辅助仪器。初期这一仪器中的“棍棒”被做成四棱的铁棍或木棍。后来仪器中的“棍棒”又被架在盒子中，而且可以旋转。实际上，该仪器把冗长的乘法运算转换成一系列的求和运算。

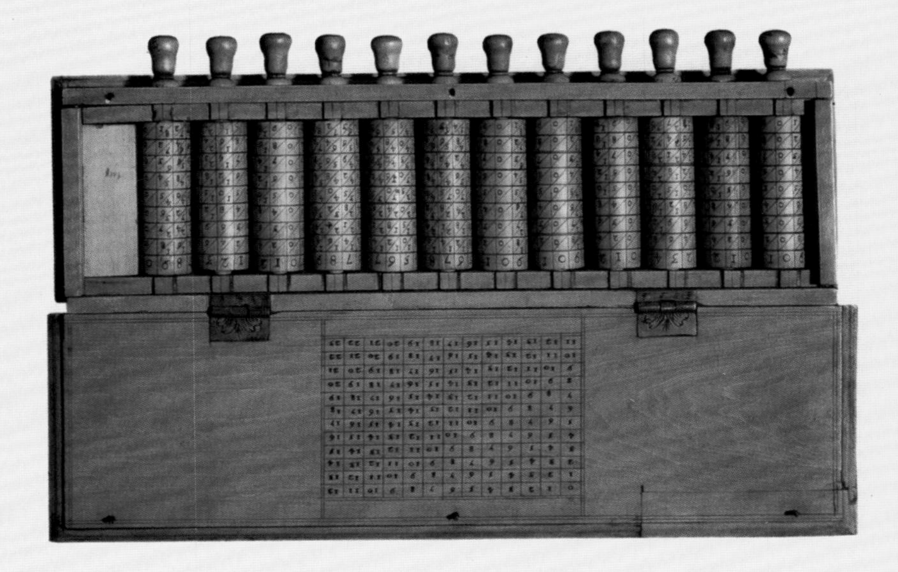

◄ 格里格·赖希所著的《哲学珍珠》中的天文学示意图。图中人物手中拿着一个四分仪，借助四分仪及天文表我们可以测量纬度和时间。

► 格里格·赖希所著的《哲学珍珠》中的几何学形象图。此图展示了几何学的真实本质：从制作四分仪到木工及建筑测量。

DE POLYGRAPHIE 176

## Ordredes antiques lettres Numerales.

| | | | |
|---|---|---|---|
| DC | 60000000 | L | 500000000 |
| DCC | 70000000 | LX | 600000000 |
| DCCC | 80000000 | LXX | 700000000 |
| DCCCC | 90000000 | LXXX | 800000000 |
| X | 100000000 | LXXXX | 900000000 |
| XX | 200000000 | C | 1000000000 |
| XXX | 300000000 | C | 20000000000 |
| XXXX | 400000000 | | |

I'ay iusques icy deduict, & descrit par forme d'exemple, le moyen & methode d'escrire en lettres Latines & communes, les nombres & la mode numerale des Anciens: à fin que d'iceux les ignorants en eussent plus facile intelligence. Et quant à ce, qu'en la susscrite description & apposition des figures d'algarithme, i'aurois en quelques endroicts laissé l'ordre & reigle de la vraye supputation & forme de cōpter, ce n'a esté par erreur, ny aussi par faulte ou omission. Mais par bonne & raisonnable cause i'ay aduisé ainsi le faire: & mesmement à fin que par trop grand progression & prolixité ne donnasse ennuy à moy, ny aux lecteurs, qui en la figure subsequente, briefuement cy apres transcrite, verront autres moyens & ordres numeraux, par lesquels les anciens manifestoient leurs grands nombres.

► 16世纪的教科书。该教科书的编者认为：有必要提醒读者注意罗马数字和阿拉伯数字之间的关系。实际上，至今在某种场合我们仍在使用罗马数字。

▼ 16世纪佛兰德式油画《测量者》。画中展示了各种数学仪器，图中场景与在所谓的“算术学校”里讲授应用数学的意大利传统做法相似。

▲ 皮埃罗·德拉·弗朗西斯卡的《圣母领报、圣母圣子与圣徒》。在此画中可以看到透视画法的严格使用和宗教需要的满足，在这样的建筑学构图上，人物被画得稍大了些。

▲ 小霍尔拜因的《大使们》（1533 年）。法国大使们在亨利八世的宫廷里劝说他不要与加德林离婚。画中的各种数学仪器既代表了四艺这样的知识，也象征这些知识所赋予的权力。

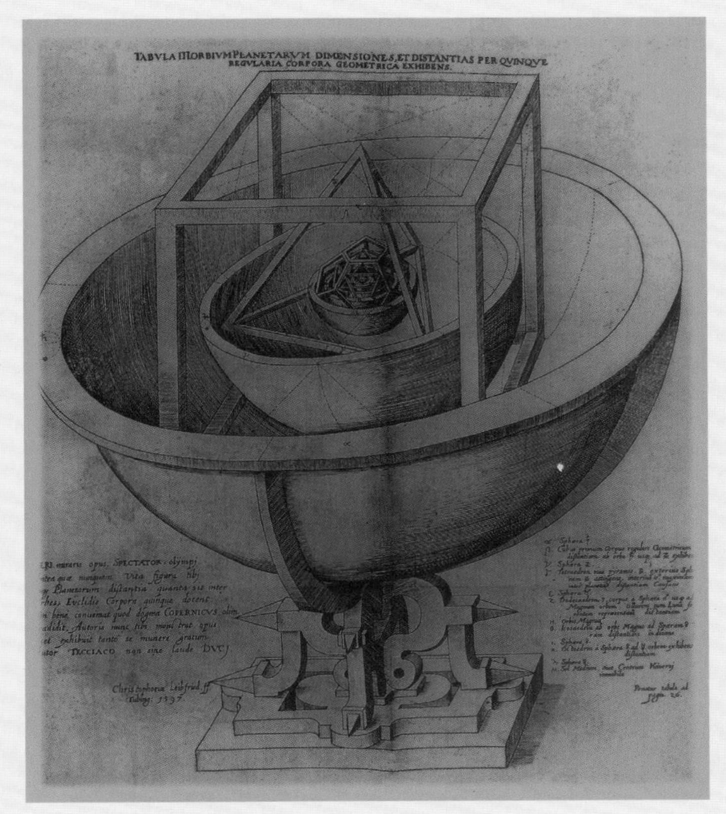


◄ 开普勒的《宇宙奥秘》（1596年）中的嵌套柏拉图立体模型。开普勒使用这一模型首次尝试解释行星间的相对距离。最外面的球面表示土星的轨道。球面的里面是一个立方体，立方体的内切球面给出了木星的轨道，而最里面的球面则是水星的轨道。

► 塞拉柳斯于1660年所作《天体集》中的一幅画。画中描绘了哥白尼的行星体系，还包括了由伽利略发现的木星的卫星，这是哥白尼不知道的。

▲ 威廉 · 布莱克的《牛顿》（1795 年）。
“对培根和牛顿来说，他们身着钢盔铁甲，威胁着整个不列颠……”
（威廉·布莱克,《耶路撒冷》,第一章。）

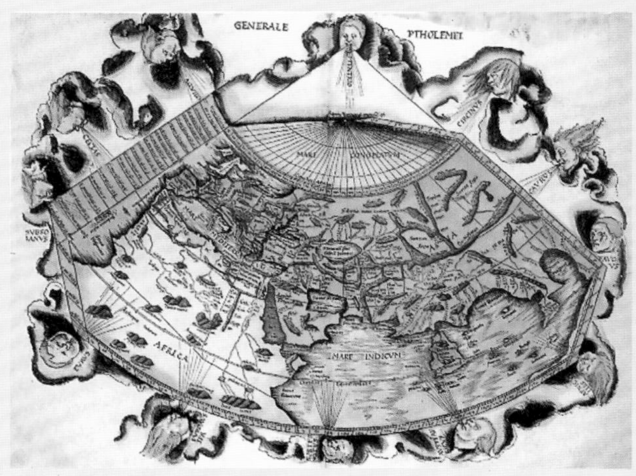


▲ 在欧洲发现的依据托勒密的《地理学》所绘制的 1513 年的世界地图。

▲ 法国 16 世纪的图画。画中展示了一位航海家正在“瞄准星星”以确定他的纬度。这一时期的经纬仪可以同时测定垂直和水平角度。

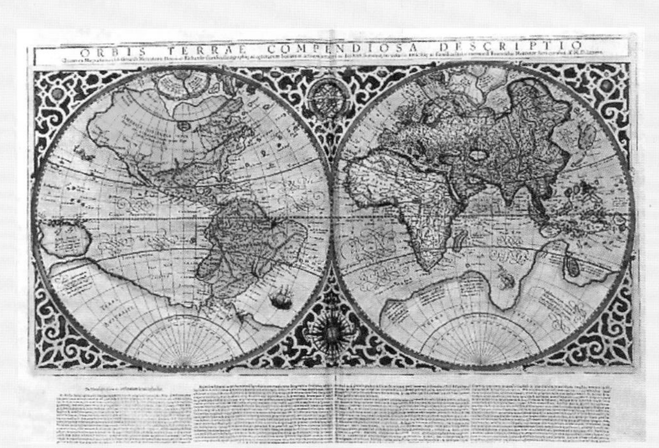


► 墨卡托于 1585 年所写的《地图集》中的一幅世界地图。墨卡托首先使用了“地图”这一词语。《地图集》的各个版本包含了各个国家的最新地图。

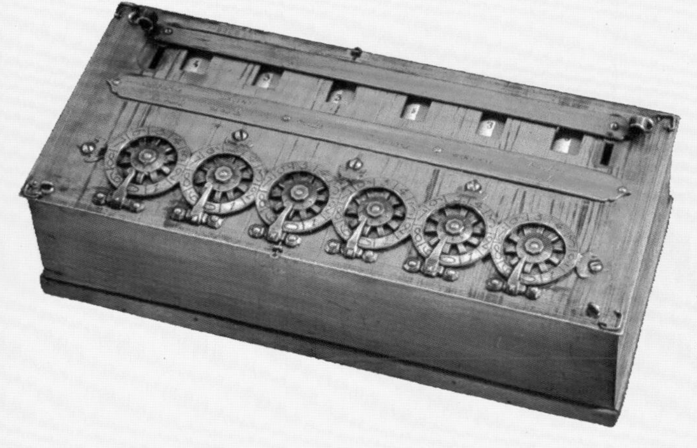

◄ 由帕斯卡于 1642 年发明的早期的一种计算器。通过旋转带有指针的轮子来进行加运算，但是其他操作相当麻烦。

▲ 约翰内斯·弗美尔所画的《天文学家》（1668 年）。随着望远镜精度的提高以及人类进入南半球，天文学家们在天空中发现了许多新的星星。星象仪和地球仪被广泛用于教学，同时也成为新知识的象征及时髦的家庭装饰品。

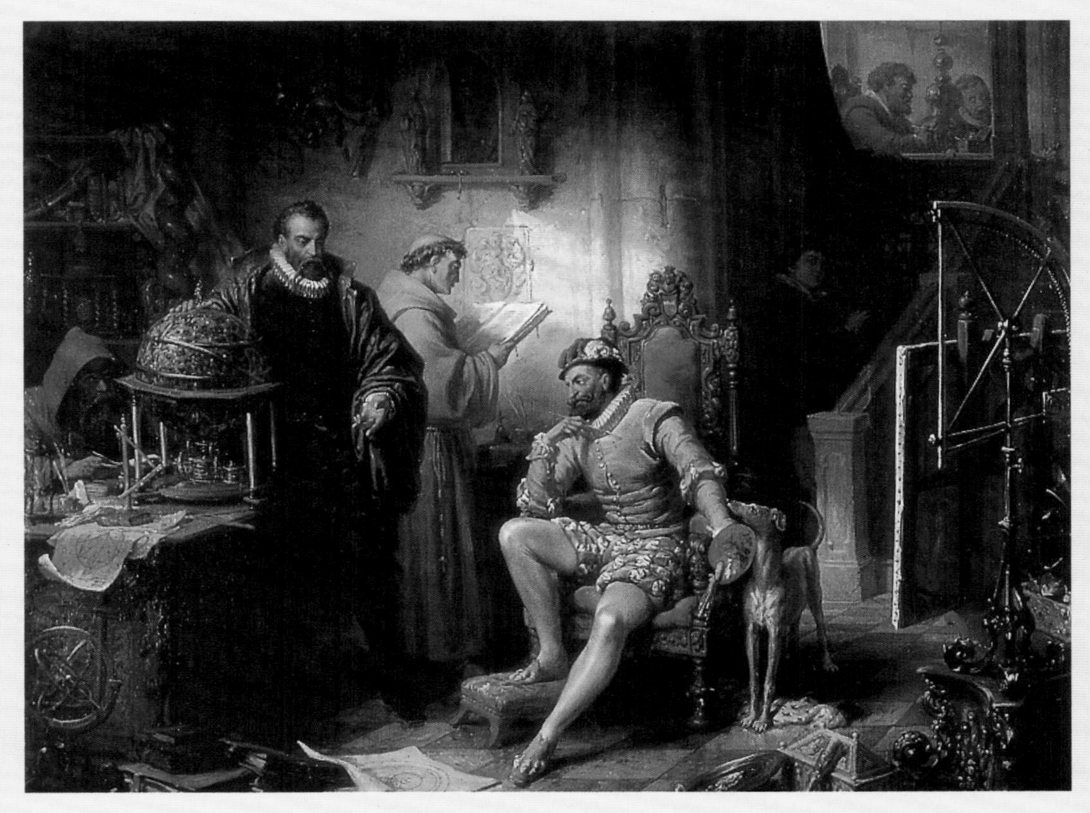

▲ 恩德于 1855 年所作的《第谷和鲁道夫二世》。画中第谷在演示星象仪的使用。17 世纪初叶，第谷的汶岛天文台拥有当时最精确的观测数据。开普勒把这些数据转换成了椭圆轨道理论。

▲ 达利创作的《最后晚餐的圣礼》（1955 年）。欧氏几何学仍在影响着艺术家们。在这里，最后的晚餐发生在一个柏拉图学派用于象征整个宇宙的正十二面体之中。

◀ 这一曼德尔勃罗特的“龙”形图是由函数 $f(z)=z2-m$ 生成的。这里的 z 是复平面上的点，而 m 是源值，图中黑色部分表示：当迭代次数趋向无穷时，函数值也趋向无穷的 z 的区域。

▼ 大卫·希尔伯特（David Hilbert，1862 ~ 1943 年，德国数学家，长期在哥廷根大学任教，发展了有关不变量的数学）提出了一个类似于皮亚诺的充满空间的折线，但他给出的是一条充满了一个三维立方体的一维的折线。这种与直观相反的思想，使数学家们进一步深入地观察了数的本性、空间的概念以及关于无穷的模糊概念。

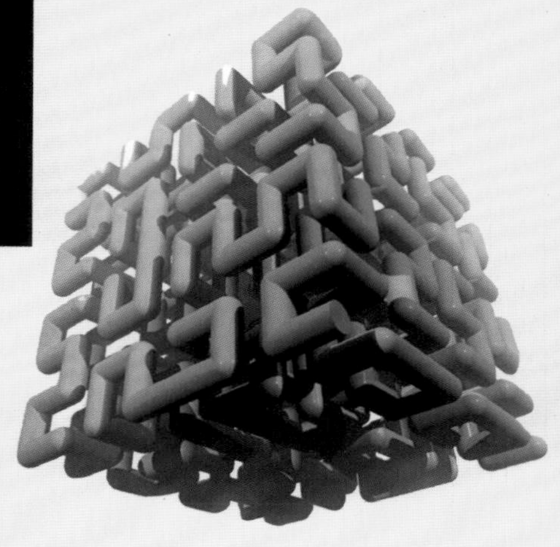

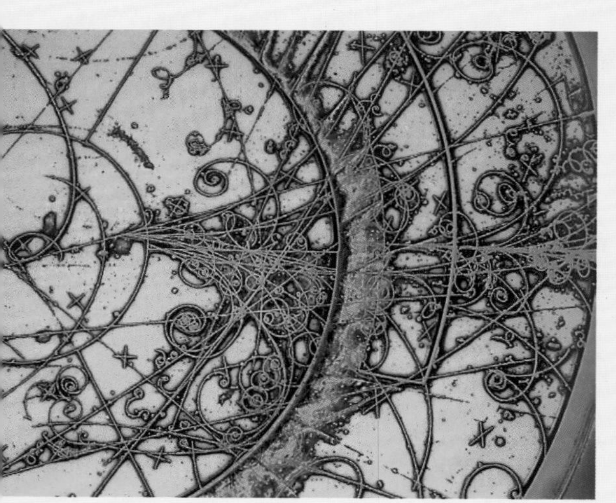

▲ 来自欧洲粒子物理研究所大欧洲气泡室的粒子轨迹。计算机已经达到了如此高的速度和功能。现在计算机可以帮助物理学家们探索自然的基本力。

▼ 四元朱利娅集合。朱利娅集合与曼德尔勃罗特集合密切相关。而在此，迭代时使用的是汉弥尔顿四元数而不是复数。这是一个四维分形的三维切片，如果用动画的形式来看，效果会更好。

# 目　录

# *Preface*

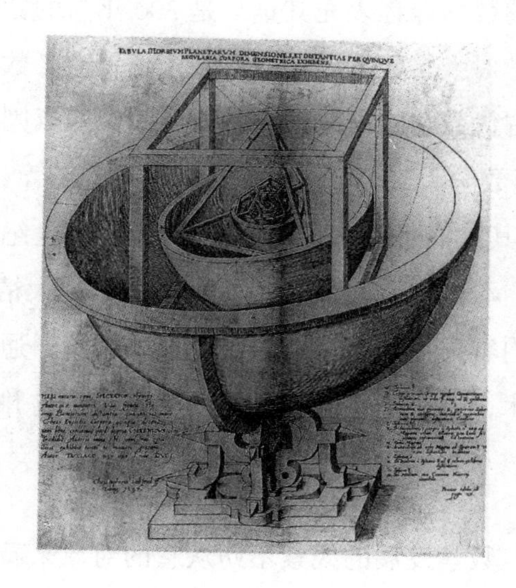

# 序一

数学恐怕是我们花力气最多而收效甚少的一门学科。原因多种多样，主要是大多数人实在提不起兴趣，尽管他们都觉得数学很重要。这样硬着头皮学肯定是事倍功半，可是你如果主动地、津津有味地学，也许就会事半功倍。我想，培养对数学的兴趣有一条捷径，那就是学点数学的历史。数学史的书虽然多，但大部分都过于专业，不适合一般公众及青少年读者阅读，而曼凯维奇的这本小书《数学的故事》，却能以非常少的篇幅达到这个目的。

数学是一个庞大的领域。在数学王国中旅游，数学史是个最好的导游。中小学的数学课程表充其量只是 300 年前的数学，而从微积分开始的近代数学对大多数人来说就不甚了了了。《数学的故事》前面十章，讲的是古代数学的来龙去脉；而后面十四章则生动地叙述了这 300 年的“高等数学”，分配大致是很均匀的，五章讲 18 世纪，五章讲 19 世纪，尤其难能可贵的是最后四章涉及 20 世纪的数学，这在一般的书中基本上不会谈到。当然 20 世纪的数学博大精深，可是《数学的故事》讲的内容并不那么令人生畏，战争对策、通信与计算机、混沌乃至现代艺术，这些不都是你身边的东西吗？它并不可怕，相反十分有趣。

回到数学，数学发展的线索不妨从它的对象来看。数学的原始对象是数和形，古代数学都是围绕着这两个主题来发展数学的。古代各个民族经历了极为漫长的道路才有了现在的记数和计算的方法。在这方面，中国在世界上是遥遥领先的。中国发展的一套算法和数学理论十分先进，也非常实用。这就形成了算术和代数。希腊数学发展有些不同，他们发展了几何和数论，把数学变成了一门演绎的科学、证明的科学。到了 17 世纪，解析几何把数和形的问题联系起来，标志着近代数学的诞生。而对运动的数学的研究导致微积分的发明和数学分析的发展。没有微积分就根本无法理解现代物理学和天文学，甚至也无法表达经济学。有了高中的数学知识，就不难通过《数学的故事》了解近代数学和近代的科学（如第十八章）。

到了 19 世纪，数学家在为其他学科服务的同时，也关注自身的发展。19 世纪纯数学两项最重要的发展是代数方程的理论和非纯几何。两位英年早逝的数学家阿贝尔和伽罗瓦的故事感人至深。19 世纪末，康托尔创立了无穷集合论，使结构数学成为 20 世纪数学的主流。

一本两百多页的书把读者从远古带到今天，真是一项非凡的创举。全书几乎没有令人生厌的公式，只有生动的叙述，加上精美的插图，读起来让人兴趣盎然。这是一本能提高读者数学素质和文化素质的读物，对于一般公众尤其是青少年读者来说，肯定获益良多。

胡作玄

2002 年 4 月

# 序二

我终于发现，我一生中的大部分时间，都在努力打破我们这个时代普遍存在的一种思维模式。这一模式的实质，可以用“数学＝学校”来表示。与人们谈及数学时，他们中的大多数人的直接反应是：那是学生时代的经历。到不久前为止，99% 的回答是用一种愤怒的语调说：“我一点也不擅长数学。”但是，到了 1995 年，如果你参加某个集会，并声称自己是数学家，那么通常会引发一系列关于分形、混沌理论和圣菲机构等问题的讨论。到了 20 世纪 90 年代末期，费马大定理①成了热门的话题（如果你不知道所谈论的这些都是什么，那么你绝对需要买这本书）。但即便是在 2000 年，大多数人仍把数学和学校联系在一起，而不是和别的什么联系在一起。

然而，这种想法是不正确和糟糕的。数学是人类文明活动的核心之一，它促进了人类社会的进步。我们怎样才能扭转这种普遍对数学忽视的局面呢？当然这不是一朝一夕之功。迄今为止，人们在了解数学、接受数学，对数学是一种完全合理的而且是正常的人类活动的一部分的认识等方面，取得了长足的进步。其证据是，新闻媒体越来越愿意报道数学的进展和它的新应用，而不是把这些都隐藏在科学文献里。现在，有相当多的为大众所写的数学科普读物及科普文章，数学著作名列纪实类畅销书的前茅，有关数学的电影还获得了大奖。

① 1995 年，英国数学家怀尔斯最终证明了费马大定理。由于这项成果，怀尔斯于 1996 年荣获数学最高奖——沃尔夫奖。

这些都是如何发生的呢？这并不是由某个重要的国际运动引起的，也不是由政府引起的。联合国教科文组织宣告2000年为数学年，而我的这一前言正是写于这一年。对于联合国的这一决定，英国政府对此不仅没有任何举动，而且仍抱着“数学＝学校”的观念不放。正如一份主流报纸所述：“数学是性感的，数学是新摇滚。”这一新局势是许多人的各种自发活动带来的，他们当中的每个人都用自己的方式向大众推广数学的某一方面。这样，经过点点滴滴的积累，逐渐建立起了关于数学的新舆论。在此，数学被看成是科学研究的前沿、技术进步的核心力量，数学影响着人类社会的文明。这是有史以来不争的事实，现在有许多人注意到了这一事实。

理查德·曼凯维奇是这些具有献身精神的人中的一员。在克罗伊登，荷兰艺术家爱斯卡举办的画展上，我首次与曼凯维奇见面。爱斯卡没有受过数学教育，但是，几乎他所有的超现实主义作品都能看到数学的影子——铺（瓷）砖模式、非欧几何学和某种建立在纯数学上的哲学气息。

曼凯维奇并不是这次画展的主办者。他长年花费大量的精力和热情举办富有想象力的活动，将数学推向大众。其中之一就是《数学的故事》一书的撰写。他告诉我们，写这本书的原因在于从来没有这样的书。

好了，这本书现在就在你的面前了。以下就是该书的概貌。数学不仅是我们在学校所学而成年后马上就忘记了的那些数学技巧。数学有着与人类文明进步绵延不断、休戚相关的历史。这一历史至少持续了5000年。与艺术不同，这不仅是数学在某种程度上影响了人类文明的5000年，而且也是人类文明直接建立在数学研究之上的5000年。数学是极少数天才的个人活动的集成。他们突破了空间和时间的约束，共同创建了一个美妙的世界。

当我在学校学习时，我花费了很多时间到本地图书馆寻找关于数学的书籍。当时没有人忠告我一个年轻人不必做这样的事，即使他们告诉了我，我也不会理会他们，因为我已经着迷于数学。说实话，那时几乎很少有关于数学的好书。那些书我都读了。在那些书中，有一些是关于“数学历史”的书，尤其是拜尔的《数学家和数学发展》。但那时没有像《数学的故事》这样具有以下特点的书籍：精美漂亮，聚焦文化的精髓，展示了数学思想与人类其他活动的相互关联。

数学在人们的制图、航海、艺术感受、无线电广播、电视及电话通信等方面都起着主导作用。没有数学，飞机就不能有效飞行，卫星电视就不会有像今天这样多的频道，地球上的食物就不能维持现有的人口。我并不是说这一切都只归功于数学，但数学是其中一个重要的因素。此外，我并不是说这些东西都是好的，但它们显然是今天人类生活中必不可少的。

我们的主题是：数学是灿烂的人类历史中最光辉和最悠久的一页。它与人类进步密切地交织在一起。而《数学的故事》以浅显易懂的形式带我们漫游这一历史。这本书中的精美插图使得本书以及数学都显得高贵。

这本书正是我年轻时苦心寻找的书。但是回到我的开场白，这是为大家所写的一本书，即使是成年人也一样会着迷。现在是你获得精品文化的时候了！

伊恩·斯图尔特

# 前言

*Foreword*

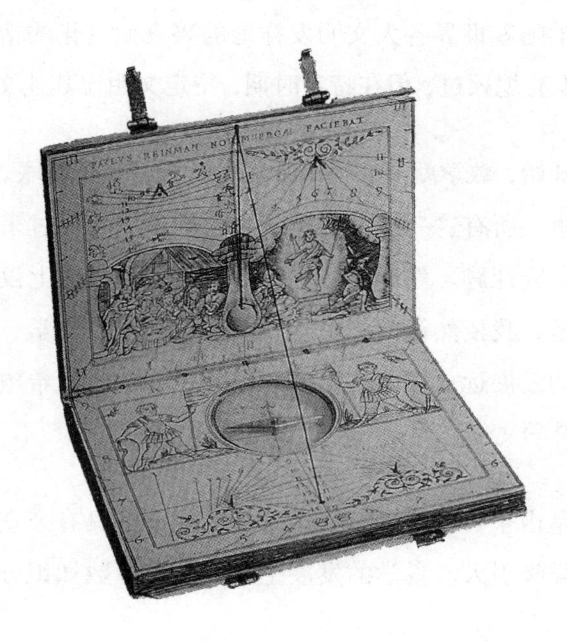

艾丽丝想："这本书有什么用呢？它既没有图片，也没有对话。"

我把此书呈现在你的面前，原因很简单：还未曾有过这样的书。我一直尝试着浅显易懂地介绍数学历史。我希望能够展示，在人类创造文明的实践活动中，这门科学是怎样与兴趣和实际需求紧密地联系在一起的，而不是罗列一些"伟大的定理"。我想，可以通过把当时的数学发展状况与数学家本人的评述结合起来的写法，来达到这一目的。我叙述的重点放在对数学发展的历史背景和数学思想的重大进展上。由于篇幅和时间的关系，不可能将整个数学史呈现给大家，而只能展现数学随着世界各大文明发祥地的兴衰而变化的精彩片段。知识的火焰从没有熄灭过，但在特定时期，特定文明比其他文明更加耀眼。

从一开始，数学就与人类活动的各个方面紧密相联。贸易、农业、宗教、战争，所有这一切都受到了数学的影响，反过来它们又影响了数学家的研究课题。然而，数学的历史在很大程度上没有得到足够的重视。但是，我依然认为，对于人类历史来说，科学、哲学、数学及相关学科的发展远比炫耀统治者和战争更重要。我希望本书有助于提高大众的科学文化素养。

可能是由于科学特别是数学不像艺术那样具有公众性，所以也不像艺术那样吸引人。科学的发展主要取决于少数知识分子，而艺术对公众更有吸引力。数学很难吸引公众。相对论、量子力学、人工智能和不完全性定理等等，都确确实实地对现代社会产生了极大的影响。但是当数学家们赞美数学的美妙时，公众却感到困惑和窒息。然而计算机的使用最终把数学的美妙形象地展现在我们的面前。

数学并不像秘密组织的成员之间所交换的难以理解的符号那样神秘，虽然有时看起来是那样的，但是数学主要是关于空间、时间、数及关系的概念和方法的科学。它是定量关系的科学，它的复杂和微妙真实地反映了人们对知识的要求。数学的所有概念都产生于如何观察问题、解决问题、描述问题的研究中。随着计算能力的增加，数学变得形象化。在混沌系统和复杂系统中发现的不同寻常的结构，拨开了数学符号的迷雾，把数学家看到的景观展现在普通人眼前。

数学的精确性与艺术的感知相结合，将产生一种新的审美观，这与文艺复兴及20世纪早期艺术与科学间的关系没什么两样。本书的大部分都用于描述在不同程度上和不同发展阶段的这种融合。科学和艺术的结合已相当长了，尽管人们没有明确地意识到这一点。我希望在目前的数学教学中通过加入它栩栩如生的一面，使得数学教育更加充满活力，并激发起人们学习数学的热情来。

理查德·曼凯维奇

# 第一章 数学元年

## *Year Zero*

公元前约2400年在陶瓦上用楔形文字记载的账目表。

# 数学元年

历史并非那么整齐有序，关于数字起源的探索，是一段通向迷雾笼罩的人类生活与文化起源的艰难旅程。考古学家和学者们努力利用有限的残砖碎瓦，构建出有意义的史前图案。新发现不仅仅是为以前的图案增加一块拼图，而且还有可能从根本上改变以前的图案及我们与它的关联。当我们考察数学活动的最早期的遗迹及美索不达米亚和埃及的数学文明时，要牢记这一点。

数字记录的最早物证，是在南部非洲斯威士兰王国出土的一块刻有 29 道清晰的 V 字形刻痕的狒狒的腓骨。这一记录的年代大约是公元前 35 000 年。它与纳米比亚现今仍在用于记录时间变迁的“日历棒”类似。在西欧也找到了新石器时代的骨制品。在捷克共和国找到的公元前 30 000 年的幼狼桡骨上，刻有两列 5 道一组共 55 道 V 字形刻痕。这好像是一本账簿，也许是猎物的记录。最令人感兴趣的一个发现，是所谓的“伊尚戈骨”，发现于乌干达与扎伊尔间的爱德华湖边，年代大约是公元前 20 000 年。它好像不单单是记账棒，用显微镜分析显示出了似乎与月相相关的痕迹。由于夜间能见度的实际理由，也许还有出自宗教的需要，预报满月是重要的。承认这一点就不难理解，为什么记录月亮的轨迹应该是新石器人非常关心的事情。实际上，贯穿于天文学、占星术和宇宙学，并对数学的发展影响最大的可能是天体。

## 美索不达米亚数学

在幼发拉底河与底格里斯河间的美索不达米亚，文字记录可以追溯到公元前3500年。不同的文化曾经统治着这一地区：一开始苏美尔人和阿卡得人统治着这一地区，继之而来的是铁匠赫梯人，赫梯人屈从于可怕的亚述人，亚述人又被卡尔迪亚人取代，迦勒底人和他们的著名国王尼布甲尼撒二世随后被波斯人推翻，这回又轮到波斯人被亚历山大大帝的军队赶走。这一时期，权力的中心在乌尔、尼尼微和巴比伦之间更迭。我们的数学资料主要来源于旧巴比伦帝国（前1900—前1600）及公元前4世纪的后亚历山大塞琉西王朝。前期显示出巴比伦人和阿卡得人的影响，而后期希腊人和巴比伦人的影响更加显著。由于巴比伦人在这一时期的重要地位，数学也经常被叫作巴比伦数学。

我们现在使用的十进制，是一种以10为基数的位值制。换句话说，在某位的10个单位，等价于相邻高位的一个单位。而一个数中，数字的位置决定它的值。最早的文字记载显示，巴比伦人使用的是以60为基数的六十进制数。迄今为止，六十进制仍用于计时。使用六十进制时，巴比伦人把 75 表示成“1，15”，这和我们把 75 分钟写成 1 小时 15 分钟是一样的。大约公元前 2000 年出现了一种仅使用两个楔形符号的以 60 为基数的位值制。在该位值制中，“T”形的楔形文字表示 1，“〈”形的楔形文字表示 10。因此，75 被写成 T〈TTTTT。这一位值制被进一步推广到六十进制分数的表示上，但是没有表示 0 的符号。一直到公元前 6 世纪的新巴比伦帝国为止，置位符号仍然没有出现。因此我们在读旧巴比伦数字时需要细心地通过上下文来辨别符号的位。例如，因为没有 0，我们难以区分 18、108 和 180。我们无法断定为什么巴比伦人选择了这样的位值制。尽管如此，它对计算仍是非常有效的。同时，它奠定了时间的计量标准，这主要是在时间和角度的测量中，分和秒全部以 60 为基数。

巴比伦数学的物证，是一块带有楔形符号的土碑（黏土版）。这种土碑是用黏土制成的。它们的使用非常广泛，成千上万的黏土版被保存了下来，小到小碎片，大到公文包大小的整块黏土版。黏土是随处可取的。而且只要它还潮湿，就可以擦掉上面的计算，开始新的计算。一旦黏土干硬了，黏土版或者被扔掉，或者被用作建筑材料。巴比伦人所进行的算术计算与我们今天做的很类似。巴比伦人与生俱来就是制表能手。他们给我们留下了各种精密复杂的运算表，如倒数表、平方表、立方表及高次幂表。这样的高次幂表对借贷利息的计算很有用。由于袖珍计算器已普及，数学运算表的使用在很大程度上已成为历史。但是它们在便于计算上影响极其深远，这可以追溯到那些黏土版。巴比伦人对代数学也非常精通，尽管代数问题和解法是用语言描述的，而不是用符号来表示。他们利用本质上等同于我们的“出入相补原理”（填充正方形）的方法解了二次方程。他们的计算过程的正确性，基于一个矩形可以重新排列成正方形这一事实。一些高阶方程也通过使用数值方法或将其简化成其他已知类型的方程的方法得到解决。

在几何学领域，他们拥有求平面图形面积的算法，并且用代数方法解决了许多问题。在这里，利用截取六十进制小数的方法，数值化地处理了无理数。例如，在十进制中$\sqrt{5}$=2.236067…… 表示小数展开后可以一直持续下去。截取$\sqrt{5}$的展开式到小数点后两位，得到 2.23，

巴比伦时期的乘法表。美索不达米亚有丰富的黏土资源，学生们以手掌大小的黏土版作为练习本。只要黏土版还潮湿，就可以擦掉上面原有的计算，开始新的计算。干了的黏土版被丢掉，其中的一些被用作建筑材料。我们就是在这些建筑中发现这些黏土版的。

而不是更接近于$\sqrt{5}$的 2.24。有时截取值和近似值相同，例如截取$\sqrt{5}$的展开式到小数点后 3 位的值，与 3 位近似值相同。而这些无理数后来导致了无穷小数展开。这里没有任何关于这样的展开式的无穷性的讨论。但是有一个表展示了对$\sqrt{2}$的非常好的近似值，其精确度为小数点后 5 位。$\sqrt{2}$的这一近似值用六十进制表示时为 1∶24，51，10，这一结果的推导过程没有给出，但是以近两千年后的公元 1 世纪的希腊数学家希罗[①]命名的一个方法也给出了完全一样的结果。同样，巴比伦人在毕达哥拉斯出生的 1000 年前，就广泛使用了毕达哥拉斯定理。

旧巴比伦数学不仅精密，而且对会计、金融、称重、测量等实际应用也很有效。被解决的一些问题说明了其中也有推理的传统，在考虑巴比伦天文学时我们将看到这方面的成果。

## 埃及数学

对于延续了长达 4000 年的文明社会来说，埃及却只给我们留下了很少的宝贵数学史料。纸莎草制成的纸是一种易碎的物质，有这种纸能遗留下来本身就是一个奇迹。《莱因德古本》〔之所以这么称呼，是因为它是由苏格兰的埃及考古学家莱因德 (A.H.Rhind ) 发现的。由于它现存于英国不列颠博物馆，所以也称《伦敦本》〕和《莫斯科古本》（它是俄罗斯收藏家格列尼切夫获得的）是两个主要的资料来源。还有一些次要的资料以及一些画在坟墓及神殿的墙壁上，显示需要数学

①希罗，活动时期在公元 62 年左右，希腊数学家、发明家，以求三角形面积的希罗公式和发明第一台蒸汽动力装置而闻名，现存著作有《几何》《测地术》等——编注。

技巧的商贸、行政问题的插图。《莱因德古本》是一个叫阿迈斯的文牍员于大约公元前 1650 年写的。阿迈斯解释他是从 200 年前的一本原作上抄写的。该书的开场白声称该书为“万物的详尽研究，洞察一切存在及所有晦涩奥秘的知识”。对我们来说这可能相当夸张。但是，它展示了抄写技术是当时传授知识的重要手段。该纸草书包含 87 个问题及其解答。所用的是神职人员常用的象形手写字体，而不是常用于装饰的精致的象形文字。大部分的问题是像把一定数量的面包片分给若干个人这样的计算。这里还有求直角三角形面积的方法。所有的解答均用举实例说明，没有明确给出一般公式。《莫斯科古本》包含的内容与《莱因德古本》基本一样，但它还包含了被截断了的金字塔，即平截头体体积的计算，以及似乎是半球体的表面积的计算。

埃及人在数的使用上有两个极突出的特征：第一个是所有的计算都基于加法运算和乘 2 运算的运算表；第二个是他们对单位分数（1/2，1/3 等等）的偏爱。因此，乘法运算是重复加倍运算（如果需要，减半运算），然后把适当的中间结果相加。例如，19 乘以 5 被写成：

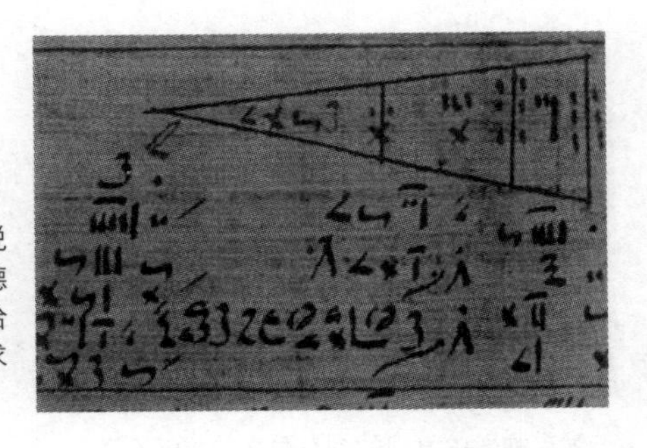

《莱因德古本》发现于 19 世纪中叶。据说是在底比斯发现的。因这一纸草书由莱因德在勒克苏购买，后来被他的遗嘱执行人卖给了英国的不列颠博物馆。插图中的问题是求一块呈三角形状的土地的面积。

| | | |
|---|---|---|
| / | 1 | 19 |
| | 2 | 38 |
| / | 4 | 76 |

然后，因为 1+4=5，把 19 和 76 相加，得到 95，这就是 19×5。除法运算也可以做类似的处理，但这时可能产生分数答案。这就是单位分数产生作用的地方。埃及人表示单位分数的方法，是在数的上面画横线。因此，1/5 被写成 $\overline{5}$。这里不存在对应于 2/5 及其他分数的符号，只有 2/3 例外。《莱因德古本》中含有形为 2/n 的分数表，其中 n 为奇数。该表将 2/n 分解成单位分数。这样 2/5 被分成 1/3 和 1/15。而且，每当答案有一个我们写成 2/5 的解时，埃及人将解记为 $\overline{3}$、$\overline{15}$。虽然这种方法显然是行得通的，但很难看出它有什么实用价值。有待于进一步的发现以澄清它的由来。

一种可能性是这样的：当计算遗产或物品分配时，使用单位分数能够产生绝对精确而非近似的结果。因为埃及人没有货币，他们用其他物品作为交易的标准。最常用的是面包和啤酒。

卡纳克神殿中发现的刻有数字的埃及石碑。

从《莱因德古本》中的 10 人分 9 片面包的问题可以看出这一点。现在我们可以计算出 10 个人平分 9 片面包时，每人可得到 1 片面包的 9/10。分面包时将每片面包切下 1/10，这样 10 个人中的 9 个人每人得到一块 9/10 片面包，而剩下的 1 个人得到 9 块 1/10 片面包。纸草书中给出的答案是 9/10=2/3+1/5+1/30。这需要切更多次，但是，作为补偿，每个人不仅得到相同比例的面包，而且大小、块数也一样。

体积的测量有其自己的符号体系：由象征荷鲁斯[①]的眼睛的象形文字的部分组成。在这里我们可以看出既作为行政官员又作为宗教职员的宗教等级制度的双重角色。荷鲁斯是鹰神，他的眼睛是半人半鹰的。象征他的眼睛的象形文字的每一个元素表示 1/2 到 1/64[②]中的一个分数，将它们组合起来可以表示分母为 64 的任何分数。而且，荷鲁斯的眼睛本身还带有神秘色彩，他是伊希斯和欧西里斯(古埃及的主神之一)的独生子。欧西里斯死于他兄弟塞斯之手。荷鲁斯发誓为他父亲的死复仇。在他们之间的无休止的战争中，有一次，塞斯挖出了荷鲁斯的眼睛，将它撕成 6 块，扔到埃及各地。作为回敬，荷鲁斯阉割了塞斯。传说诸神介入了战争并命荷鲁斯为埃及国王以及法老的守护神。同时让掌管学习和魔法的月神透特去收集荷鲁斯的眼睛（的碎块）。就这样，荷鲁斯的眼睛成了健康、洞察力和富饶的象征。以透特为守护神的书记们，用这一法宝形象地表示测量中的分数。据说有一天，一个见习书记对他的老师说，荷鲁斯的眼睛的碎片所表示的所有分数加起来不是一个单位，而是 63/64。老师回答说，透特把剩下的 1/64 给了所有进行探索并接受他的保护的书记。

①荷鲁斯，古埃及的太阳神，形象为鹰或鹰头人——编注。

② 即 1/2、1/4、1/8、1/16、1/32 和 1/64——译注。

关于埃及数学的认识，我们必然要受到史料极其短缺的限制。因此，许多人认为埃及数学比巴比伦数学要落后一大截。但这可能是站不住脚的，特别是金字塔建筑的精妙及如此巨大的帝国的管理都说明了这一点。像平截头体体积的计算这样的事实，似乎给了我们重要的启发。但是我们仍不清楚这是由于他们对金字塔的兴趣所促成的独立结果呢，还是更先进的但不幸失落了的知识汇总的一部分呢？古希腊人普遍承认他们的数学，特别是几何学，源于埃及。现在给我们印象最深的，不是埃及数学和希腊数学的相似之处，而是它们在风格上、深度上以及由此可以推测的理解上的巨大差异。看来阿姆斯的“晦涩的奥秘”一直遗留到了今天。

> 大王把土地分成大小相同的小正方形，然后分给每一个埃及人，同时，指定年税的支付并以此作为国家收入的来源。如果一个人的土地被河水冲走，他可以找大王〔法老拉美西斯二世，约公元前1300年〕申报所发生的事情，然后大王会派人去调查并测量减少的土地数量。这样以后就按剩下土地的比例缴税。我认为，希腊人从埃及人那里学会了几何技巧，从巴比伦人那里学会了太阳钟、日晷以及白天的十二分割法。
>
> 希罗多德，《历史》，公元前15世纪中叶

# 第二章 天空守望者

## *Watchers of the Skies*

阿兹特克人有日长石日历，发现于16世纪。描绘了第五个太阳和近代的象征。人们认为阿兹特克人的天文学知识源于奥尔梅克和玛雅这样的中美洲文化。

# 天空守望者

早期数学大部分是为满足贸易及农业的需要而发展起来的，但也与宗教仪式及天体运行有关联。历法的设计基本上是天文学家和牧师的工作，而绘制天体图则要求特殊的数学。由于多数的古代宇宙论是以地球为中心的，术语“行星”指的是太阳、月亮及其他五个可见行星，而天王星、海王星和冥王星则是近年来才被发现的。在地球各地各个不同的文明社会中，人们记录了天体的运动并设计制定出历法，他们都需要寻找一种方法来协调两个最重要的时间周期：朔望月和回归年。

中美洲的玛雅文明可以追溯到公元前 1000 年。它的辉煌时期是公元 300 年—900 年，自 1519 年西班牙占领以来，只有极少数的文献保存了下来（其中最重要的是含有天文表的叫作《德累斯顿抄本》的手稿），但是幸运的是，玛雅人还给我们留下了雕刻。每二十年玛雅人就竖起一些石碑或石柱，记录二十年来建设数据、重要的事件及贵族和牧师的名字。这里所使用的象形文字和其他碑铭一样是玛雅神学文体。但是对于数字，他们经常使用一种现在被叫作“点和画”的记法。在这一简明的位值制中，一个点表示“1”，而一条竖画代表“5”；同时还有一个表示“0”的符号，它看起来像一个贝壳。这一体系似乎从约公元前 400 年就开始使用了。本质上它是二十进制，但它的第三位是不规则的。真正的二十进制应是以 1，20，$20^2$，$20^3$ 等的序列作为位值，而玛雅制使用的序列是 1，20，$18\times20$，$18\times20^2$ 等等。这使得一些计算变得复杂，但是从 $18\times20=360$ 这一事实，我们可以看出玛雅人认为他们的历法是很重要的。

玛雅人有 3 种历法。与宗教有关的年有 260 天，分两个部分重叠的周期：一个是从数目 1 到 13，另一个是神学的 20 天周期。这样，宗教年的每一天由一个数目和神位唯一确定。这一历法对农民没什么用处，而含有 365 天的平民历法却被使用。这一历法有 18 个每月 20 天的月份，以及合称为“无名期间”的另外 5 天。表示最后这一期间的象形文字的含义是混乱和无秩序，人们认为在此期间出生的人是不吉利的，生命会被诅咒。第三种历法是用于“长计算”的历法，它基于公元前 3013 年 8 月 12 日的一个年表，其周期是 360 天。这里还有 4 天、9 天和 819 天的献祭周期。许许多多的书记花费大量的时间计算历法及重大日期。在没有明显使用小数或三角学方法的情况下，基于积累起来的天文观察的丰富资料，玛雅人可以非常精确地预测这些周期。例如，玛雅天文学家主张 149 个朔望月是 4400 天，这等价于 1 个月有 29.5302 天。它与我们现在公认的一个月有 29.53059 天非常接近。《德累斯顿抄本》含有月亮表和太阳表以及作为“晨星和昏星”的金星的位置预测表。除此之外，人们对玛雅的数理天文学知之甚少。

埃及的历法使用了与玛雅完全相同的方案。它有 12 个每月 30 天的月份和年末额外的 5 天。正是埃及人首先把 1 天分成 24 个单位，虽然我们不清楚在何时小时成为固定的时间单位。他们用的是可以叫作“季节性”的小时，把白昼和夜晚各分成 12 个单位，每个单位根据白天和黑夜在一年中的变迁而变化。埃及人拥有自己的小星系，即“旬星系”。这些星星每隔 10 天升起一次。在希腊时代，人们把这些与巴比伦黄道带相结合，在天空横跨 30 度的黄道带内的每个星座，进一步分成 3 个“旬星系”。这些“旬星系”被描绘在中世纪王国（约前

这是一个 6 世纪的携带式日晷及日历的复制品。和原件一样，仪器的背面带有精密的齿轮传动装置。

2100年—前1800年）的王室神殿的天花板及棺盖上。但是人们已证实，难以把这些“旬星系”与已知的星星对上号。只有天狼星是个例外，它在每年固定的时间升起，预报了尼罗河一年一次的洪水泛滥，这对于灌溉非常关键。在此后的坟墓中，我们发现了基于方格系统对星星更精细的描绘，而且我们还找到了一本有助于破译这些碑刻的希腊时期的现代通俗希腊语纸草书。虽然如此，在坟墓中雕刻这些石碑的工匠们在解释这些天文信息时，似乎做了很大的艺术夸张，因为作为最终绘图基础的初始草图实际上更精确。我们没有当时埃及人关于天体观测及制表的文字记载，即使是提供了古天文学原始资料的托勒密，也没有引用任何埃及人的数据。

从亚述帝国末期到希腊时期，巴比伦人完善了一种有效的预测天文学。托勒密提到从公元前8世纪开始已经有了完整的月食表，但是

正在使用天体观测仪的中世纪天文学家。人们一般都说天体观测仪是古希腊人发明的，由阿拉伯的科学家和数学家使之发展完善。

缺乏行星的可靠数据。巴比伦历法是纯阴历的，每个月的第一天始于蛾眉月始见之时，每天从日落开始到下一个日落结束。因此，他们对预测蛾眉月的出现非常关心。他们还根据太阳和月亮的相对位置，判断一个月是29天还是30天。同样，对于行星关心最多的，是预测它们的初升，在早初升表中最重要的是金星初升表。记录行星位置的表叫作星历表。为了编制星历表，黄道带内的区域被分成3个区域12个星座。行星的位置是通过参照这些星星而给出的。这里还有这些星座的升起和下落的时间表。人们从塞琉西时期开始制造星历表，特别是月亮的星历表，但也有其他行星的星历表。

这一时期最伟大的成就之一，是分析了太阳和月亮的运动，其目的是为了确定每月的第一天。巴比伦人证实了地平线与太阳运行轨道的黄道间的角度在一年中是在变化的。还有，月亮的轨道偏离黄道约5度。在此之上，两个星体以变速运行。这些运动的周期按正弦曲线变化，当时的科学家们用所谓的锯齿形函数高度精确地逼近了这一正弦曲线。这些锯齿形函数被当作上升和下降数列进行算术处理。巴比伦人的许多用算术级数绘制的表可能就是为了创建太阳表和月亮表而做的准备工作。依据月亮和太阳相对位置，这些表可以预测3年以后的蛾眉月。从我们掌握的证据来看，他们好像使用了算术插值法，使得依据不连续的观测数据建立起来的太阳和月亮的轨道更平滑。而托勒密理论（见后文所述）则使用了相反的方法：试图建立尽可能精确的行星模型以推导出行星的位置。

我们不清楚后期的巴比伦行星理论是什么，但早期的记录表明了以地球为中心、行星按圆形轨道运行的宇宙观。在希腊，阿里斯塔克[①]（Aristarchus，约前 310—约前 230）提出了以太阳为中心的体系。这可能是基于太阳是最大的天体的计算结果。但是，这一学说与亚里士多德学派的独断论格格不入，而这一理论直到 16 世纪才再度浮出水面。希腊的行星理论被亚里士多德（Aristotle，前 384 年—前 322 年）的观点所支配。亚里士多德认为，行星以恒速沿圆形轨道完美地运行。尽管有变速和行星的亮度变化的确凿观测证据，但这一哲学立场一直被坚持下来。理论和观测的这些差异由引进本轮而得到解决：一个行星不再是绕地球的轨道运行，而是沿着本轮运行。本轮是一个圆形轨道，它的中心沿着一个均轮移动，均轮是一个以地球为中心的圆形轨道。通过这一人造的模型，行星的恒速似乎转化成了变速，与此同时，即使行星不是沿着完美的圆形轨道运行，也是在圆形的“壳”内运行的。托勒密给出了这一体系最完整的描述。

在介绍托勒密之前，我们必须提到著名的先驱，即来自尼西亚（在今天的土耳其）的数学家喜帕恰斯[②]（Hipparchus，前 190 年—前 125）。他被认为是当时最伟大的天文学家，创立了基于希腊几何学原理的天文学。他把圆分成 360 度，每一度又细分成 60 分，以此作为三角学的基础。他在这一方面的论述包括了一个弦表（一个弦从本质上是一个角的一半的正弦的两倍），然而，他不是用单位长度作为圆的半径，而是选择了 3438 分为半径，以使圆的周长为 $360 \times 60=21600$ 分。这些表与印度数学中的表很相似，它使得喜帕恰斯能更精确地描述天体的位置。他使用本轮的地心说体系定出了太阳和月亮的运行模型。喜帕恰斯承认他的数据不够精确，不足以推测其他行星的轨道。不幸

①阿里斯塔克，古希腊天文学家，首创日心说，并测算日、月的距离与大小——编注。

②喜帕恰斯，古希腊天文学家，天体测量学奠基人，编制约 850 颗恒星的星表，发现岁差，制订日、月运动表，推算日食、月食，用球面三角原理确定地球的经纬度——编注。

的是，他只有一部不太重要的著作留传下来，而且，同其他希腊天文学家一样，由于托勒密的显赫名声而使其显得默默无闻。

克劳迪亚斯·托勒密（Claudius Ptolemy，约 90—168）居住于亚历山大，于 127 年 3 月 26 日开始进行天文观测。我们对他的家庭背景及准确的出生及死亡日期知之甚少。他留下了一些文稿，其中最著名的是《数学集》。约在 820 年，《数学集》被翻译成阿拉伯语，受到高度的重视。被译成拉丁语后，这本书变得非常有名。这时文稿的名字被改为《大综合论》（*Almagest*）。对于天文学来说，托勒密的《大综合论》就如同几何学中的欧几里得的《几何原本》一样，使得前人的著作黯然失色，只有他在书中提到的例外。《大综合论》以三角学和弦的预备知识开始，然后就是关于太阳运行的详细理论。在这一理论中，他为太阳选定了一个圆形轨道，但把地球放在稍微偏离轨道圆心的位置，他把这一位置叫作偏心。在月球运行的理论中，托勒密大量地引用了喜帕恰斯的著作并且改进了他的本轮模型。通过把太阳和月亮的运行结合起来，托勒密讨论了月食和日食。接着他指出恒星和宇宙确实是稳定的，因为托勒密自己的星体观测与 200 年前喜帕恰斯所做的观测一致。在给出 1000 多个恒星的一览表之后，托勒密给出了剩下的 5 个行星的轨道。一个特别有创意的结构包括一个被称为“等分点”（equant）的点，它到地球偏心的距离与太阳轨道的圆心到地球偏心的距离相等，但在相反的一侧。托勒密构造了一个行星周期使得它在等分点附近恒速。宇宙学已离亚里士多德的尽善尽美如此之远，我们可能会惊讶，为什么他的哲学约束没有被完全摒弃。但是，地球绕着太阳运转与当时对地球动力学的理解相矛盾：人们仍然相信我们会从运动着的地球表面飞出去。托勒密的模型被理解为是计算模型而非实际模型。用这一模型来重现包括逆行圈在内的行星的运动，使得它成为在已有的预测天文学中最成功的一次尝试。这一模型与实际观测的差异通常都在当时的观测技术的误差范围内。该体系直到 16 世纪都没有受到质疑，那时，托勒密的《大综合论》已确立了 1400 年的权威地位。

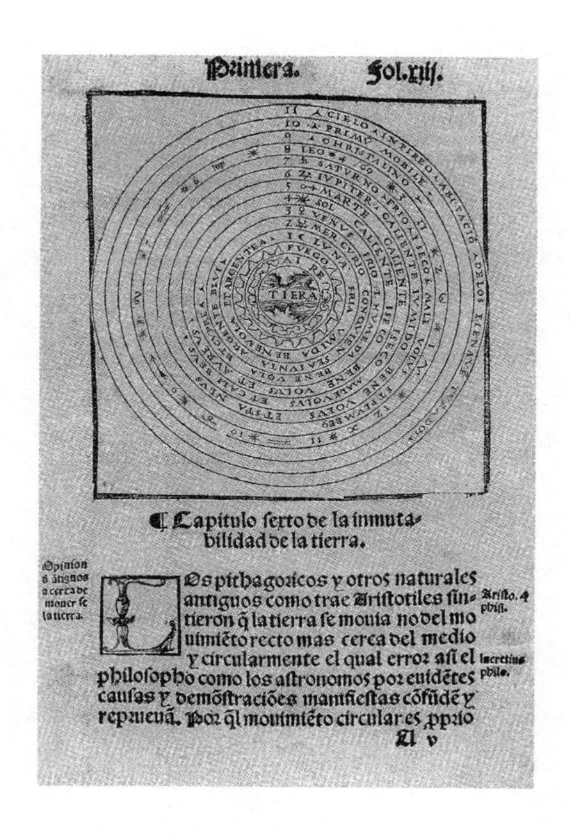

Primera. Fol.xiii.

¶ Capitulo sexto de la inmuta-
bilidad de la tierra.

Opinion
d'antiguos
a cerca de
mover se
la tierra.

Los pithagoricos y otros naturales
antiguos como trae Aristotiles sin-
tieron q̃ la tierra se mouia no del mo
uimiẽto recto mas cerca del medio
y circularmente el qual error assi el
philosopho como los astronomos por euidẽtes
causas y demõstraciões manifiestas cõfũdẽ y
repruevã. Por q̃l mouimiẽto circular es pprio

Aristo. 4
phisi.

lucretius
philo.

A v

马丁·科尔特·德·阿尔巴卡尔在他的关于天文学及航海论的论文《天体和航海术概要》（1551 年）中所描绘的托勒密天体图表。

# 第三章 毕达哥拉斯定理（勾股定理）

## *The Pythagorean Theorem*

中世纪木版画。用以纪念毕达哥拉斯学派对音乐作出的贡献。数与音节之间的关系一直与天体的和谐观产生着共鸣。

# 毕达哥拉斯定理（勾股定理）

有一个数学定理是每个人在学校都要学习的。这个定理现在有一个名字，叫作毕达哥拉斯定理。但是远在毕达哥拉斯出生前，这一定理早已广为人知。这一定理的存在，使得我们可以比较在不同文化背景下，古代数学家处理数学问题的风格及他们所关注的问题。

*毕达哥拉斯定理：对于一个直角三角形，两个直角边边长的平方和等于斜边边长的平方。存在三个边长都是整数的直角三角形，最有名的是三个边长分别是3、4、5的直角三角形。存在无穷多个这样的被称为毕达哥拉斯三元数组的三元数组。例如5，12，13和7，24，25。这些数组在古代就已被发现。*

被称为《普林顿322》的巴比伦表。它是自古以来被研究得最多的一份数学资料。人们认为它是毕达哥拉斯三元数组的一个列表，制于毕达哥拉斯出生的1000年前。

巴比伦数学最具魅力的文献之一，是现今保存在哥伦比亚大学的被命名为《普林顿 322》的表。它含有 4 列 15 行数字，似乎是一个不完整的表，且很有可能是一张损坏的大表的一部分。人们普遍认为，这张表展现了部分毕达哥拉斯三元数组的推导过程。如此精密复杂的推导过程足以说明，早在公元前 1800 年—前 1650 年，巴比伦人就已经知道了毕达哥拉斯定理，这要比毕达哥拉斯早 1000 多年。这一解释被另一张表所证实。这张表发现于巴比伦附近的同一地区，它现在是毕达哥拉斯定理最早的例子之一。巴比伦人使用了几何计算的法则来求代数方程的解。然而，这时的代数是用语言而不是用符号来表述的。有些人推测巴比伦人可能已经开始着手研究三角学。

人们一般认为，印度的吠陀梵语文化始于公元前的第一个千年所在的初期。通过《吠陀经》(印度最古的宗教文献和文学作品的总称)和《奥义书》(印度教古代吠陀教义的思辨作品，为后世各派印度哲学所依据)这样的手稿，我们可以了解到印度文化和宗教是在这一时期确立的。同样，通过《摩奴法典》可以了解到社会行为准则的确立。这一时期的数学记录在《测绳的法则》(*Sulbasutras*，又译为《祭坛建筑法式》或《绳法经》)上，而《测绳的法则》是《吠陀经》的附录的一部分。

理所当然的，《测绳的法则》中的大部分数学内容，是为了确保符合宗教仪式准则的需要。术语 Sulba 表示测量祭坛尺寸的绳索。我们找到了 3 个版本的手稿，最早的一个可能是写于公元前 800 年—公元前 600 年之间。波德海亚纳将毕达哥拉斯定理的一个特例明确地陈述为："在一个正方形的对角线上拉紧的绳索为边做出的正方形，它的面积是原来正方形面积的 2 倍。"之后，卡特雅亚那（印度学者，是《测绳的法则》的作者之一）给出了更一般的命题："以在一个矩形的对角线上的绳索为边所做出的正方形的面积，是以该矩形的相邻两个边为边的两个正方形的面积之和。"书中没有给出证明，只是描述了一些实际的应用。法典规定：一个新建的祭坛的大小必须是已有的同样布局的祭坛大小的整数倍。这一强制性的法典表明，几何方法比数值方法更合适。例如，如果要把已知正方形的面积增加一倍，则可以做一个边长为该正方形的对角线长度的正方形。这比计算出新正方形的边长是已知正方形边长的 2 倍更加简单。虽然印度人已有估算 $\sqrt{2}$ 的极好方法，但是由于宗教法规要求绝对精确，估算不能达到要求。

中国最早的数学文献是《周髀算经》，写于公元前 500 年—公元前 200 年之间，基于约 500 年前商朝的文献。正如它的名字所显示的那样，它主要论述天文学方面的问题。其中还包括一些算术和几何的初步说明。它完成于周、秦年间的战国时期，可能是由许多游说思想家中的一员按照某位封建君主的提议写成的。当时最著名的思想家是孔子，他的中庸之道的哲学思想，是对动荡不安的时代的反映。

《周髀算经》的第一节记载了周公（旦）和商高两人讨论直角三

角形的对话。他们用几何论证的方式陈述了被叫作勾股定理的毕达哥拉斯定理。这里使用了“出入相补原理”，并以最小的毕达哥拉斯三元数组（3，4，5）为例对该方法做了图示。读者一定很清楚其他毕达哥拉斯三元数组，但是毕达哥拉斯定理的一般陈述一直到公元 3 世纪才由评注者们给出。刘徽就是这样的一位评注者。他用“割补”原理给出了毕达哥拉斯定理的第二个几何证明。在该原理中两个小正方形被适当切割，以构成大正方形。这样，我们就可以使用规则“勾 $^2$+ 股 $^2$= 弦 $^2$”（即现代的 $a^2+b^2=c^2$）进行数值计算。由于毕达哥拉斯定理是求平方根和解二次方程的基础，所以它对于中国数学非常重要。一个叫作“破竹”的经典问题后来在欧洲的著作中再现，这成为中国数学通过印度和阿拉伯世界传往西方的一个佐证。

最后我们来看一看传奇人物毕达哥拉斯（Pythagoras，约前 580 年—约前 500）。几乎可以确定毕达哥拉斯和释迦牟尼、孔子、大雄①、老子及琐罗亚斯德②是同一时代的人物。他的数学和神秘主义相结合的思想在公元前 3 世纪得到高度发展，形成了新柏拉图主义。只有毕达哥

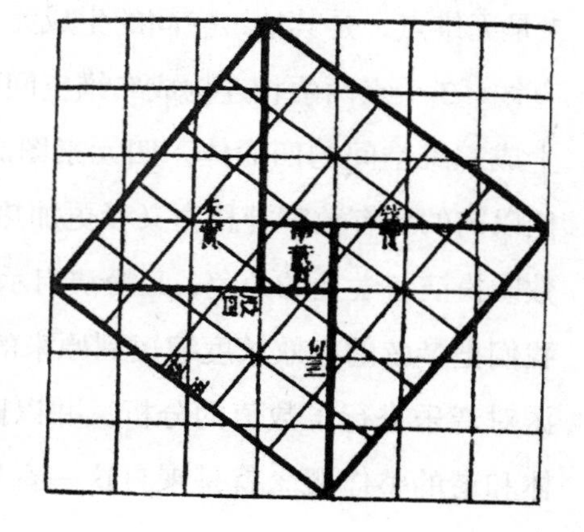

《周髀算经》中所给出的毕达哥拉斯定理的证明。这一证明利用了边长分别为 3、4、5 的直角三角形。而（3，4，5）是自古以来最广为人知的毕达哥拉斯三元数组：$3^2+4^2=5^2$。

①大雄，约前 599—前 527 年，耆那教创始人、第 24 代祖师筏驮摩那的称号——编注。

②琐罗亚斯德，约前 628—前 551 年，古代波斯琐罗亚斯德教创始人，据传 20 岁时弃家隐修，后对波斯的多神教进行改革，创立了琐罗亚斯德教，又称拜火教、祆教——编注。

拉斯学派的成员才对他有所了解，而即使是仅隔200年的亚里士多德也无法为我们提供这个人的清晰描述。毕达哥拉斯及其信徒的贡献，是他们的数学思想体系。毕达哥拉斯的数为万物本原的思想，通过柏拉图、普罗提诺[3]、扬布利科斯[4]及普罗克洛[5]等人流传下来，并且为对西方思想影响深远的新柏拉图主义奠定了基础。

从师于埃及人及迦勒底人之后，毕达哥拉斯定居于今天的意大利南部的克罗托内。在那里创建了毕达哥拉斯学派。这个学派更像是一个秘密结社或教派。学派的研究成果只传授给学派内部的人员。学派成员过着集体的生活，有严格的行为准则和道德规范。规范包括灵魂转世的信仰和严格的素食主义。因毕达哥拉斯本人没有著作留下来，我们只能通过推测来判断他本人取得的数学成就。当禁止公开研究成果的教条被废止后，许多学者开展了关于毕达哥拉斯的研究。毕达哥拉斯学派的一个关键的学说认为数是万物。没有数，则任何事物都是无法想象和不可能的。他们最膜拜的数是10（或四元素图），它是四个数的和：1+2+3+4。这四个数是生成宇宙各维空间的生成元的个数：1是无维点，是其他维空间的生成元。两个点相连可以生成一维空间的直线，3个点两两相连构成二维空间的三角形，而4个点两两相连可以生成三维空间的四面体。四元素图成了毕达哥拉斯学派的象征。他们比以前的所有数字神秘主义者更加热衷于构造这样一个宇宙：在这里，数既扮演哲学上的角色，又扮演启示性的角色。为了得到高八度的音，我们把琴弦的有效长度缩短到原来的1/2。从这里出发，毕达哥拉斯学派对音乐进行了数值的分析，并以四元素图表示音符的弦长比例。天体和谐的整体概念就是来自这一音乐的数值理论。这一理论在两千年

③普罗提诺，约205—270年，古罗马哲学家，新柏拉图学派主要代表，亚历山大－罗马新柏拉图学派创始人，提出“流溢说”，著有《九章集》——编注。

④扬布利科斯，约250—330年，新柏拉图主义哲学学派的主要人物，该学派叙利亚分支的创始人。他企图将宗教诸说混合的异教所有的一切礼拜仪式、神话和神都包括起来，发展成一种神学。所著大部分佚失，只有一些短篇哲学著作保存下来——编注。

后还对开普勒的行星模型产生了巨大的影响。

然而，使毕达哥拉斯扬名的是毕达哥拉斯定理。如上所述，这一定理实际上自古就已为人们所知。人们认为毕达哥拉斯是从埃及人那里学到这一定理的。而实际上，希腊文献多次提及他们的几何知识来源于埃及。但是不幸的是，我们没有关于毕达哥拉斯定理的相应埃及文献。亚里士多德认为毕达哥拉斯学派首先证明了 2 的平方根是无理数。从毕达哥拉斯定理可得到，如果一个等腰直角三角形的直角边的长度为 1，则斜边长度为$\sqrt{2}$。按希腊数学的描述，毕达哥拉斯学派试图把以直角边为单位长度的直角三角形的斜边与直角边的比，即$\sqrt{2}:1$，表示成整数的比，就像（3，4，5）这样的直角三角形那样。结果却恰恰相反，证明了这个值不能表示成整数的比。这一斜边和单位直角边被称为是不可比的。也就是说，用等刻度直尺不能丈量这个比。由于给定的单位直角边是有理数，所以相应的斜边是无理数。历史学家第欧根尼⑥说：这一事实是毕达哥拉斯学派的成员发现的。他就是(梅塔蓬图姆的)希帕索斯。毕达哥拉斯学派的其他成员把他扔进了海里，因为他破坏了毕达哥拉斯学派的信条，即毕达哥拉斯学派的关于所有事物都可以由整数及整数的比来表示。人们现在认为这一传说值得怀疑。但是可公度与不可公度间的关系以及有理数与无理数间的关系，对数学曾起过非常重要的作用。实际上，直到两千年后，人们才使用有理数来定义无理数（见第十九章）。

希腊人给出了毕达哥拉斯定理的一个巧妙的证明。该证明记载在欧几里得《几何原本》第一卷末尾。它的证明方法是非常通用的几何

⑤普罗克洛，410—485 年，希腊哲学家，新柏拉图主义主要代表，曾主持雅典柏拉图学园，系统地整理和阐发新柏拉图主义，主要著作有《柏拉图神学》《神学要旨》等——编注。

⑥查《简明不列颠百科全书》，“第欧根尼”词条有三位人物。其一为犬儒学派原型人物，活动于公元前 3 世纪；其二为早期经验主义者之一，活动时期在公元前 5 世纪；第三为第欧根尼·拉尔修，活动时期在 3 世纪，希腊作家，因其希腊哲学史而闻名。此书是哲学方面现存最主要的第二手资料——编注。

证明方法——使用一系列构造方法，分别把以两个直角边的长度为边长的两个正方形转换成两个长方形，这两个长方形合在一起构成以斜边的长度为边长的正方形。这一证明中没有用到任何数值，而且证明特有的“风车”图在后来的许多欧亚文明的数学中出现。的确，正如普罗克洛所评注的那样：“我在钦佩发现这一定理的发现者的同时，对《几何原本》的作者更加感到惊奇。”总之，我们仍在使用毕达哥拉斯作为这一定理[7]的名字，而毕达哥拉斯数学宇宙观的魅力永存。

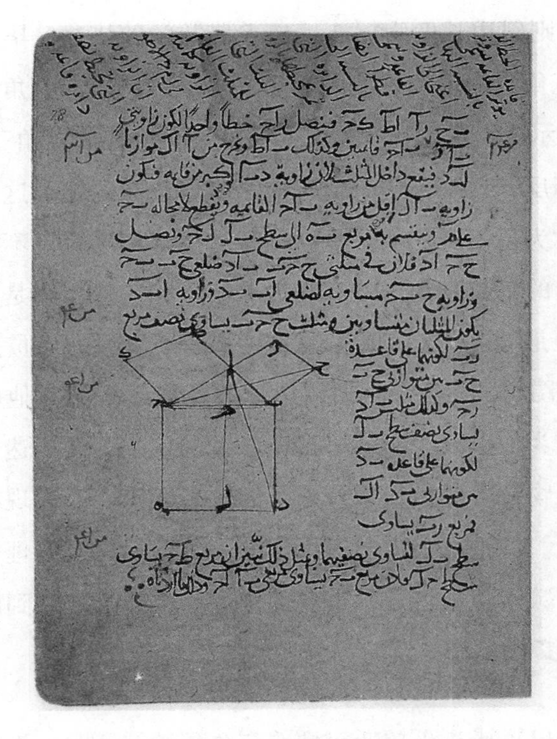

阿拉伯教科书中所讨论的毕达哥拉斯定理。证明沿袭了欧几里得的“风车”图表的几何证明方法。

[7]我国称为勾股定理——编注。

# 第四章 几何原本

*The Elements*

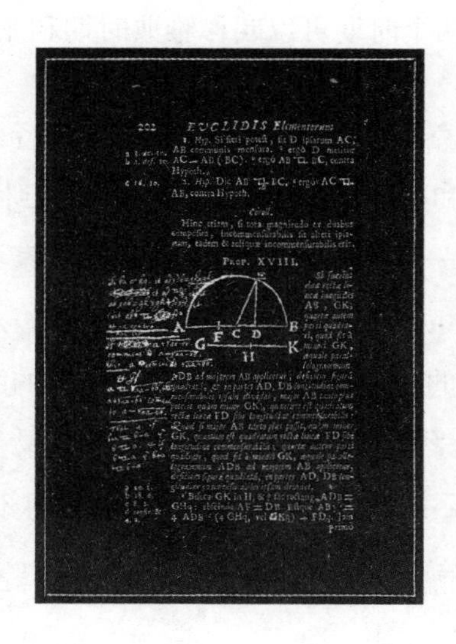


这是牛顿手中的《几何原本》中的一页，
上面有牛顿做的旁注。

# 几何原本

希腊人来自爱奥尼亚与爱琴海之间的北方，以侵略者的身份登上了历史舞台。他们渴望向更古老的邻国学习，并渴望超越埃及人和美索不达米亚人的智慧。希腊人及希腊社会由文化背景而不是由种族差异确定。以亚历山大大帝为过渡期，希腊的发展过程分为两个时期。对于数学来说，这两个时期可以叫作雅典时期和亚历山大时期。

第一次奥林匹克运动会于公元前776年举行。从那时起希腊文献已经开始夸耀荷马和赫西奥德[1]的作品，但是直到公元前6世纪，我们对希腊的数学还是一无所知。希腊最早的数学家可能是米利都的泰勒斯[2]（Thales of Miletus，约前624年—前548）。人们认为是他首先给出了许多几何定理的证明，并因此孕育了杰出的欧几里得几何体系。但是我们对希腊数学及其他方面的认识，很容易受到诸多历史因素的干扰。我们没有这一时期的文字记载，因而不得不依赖于远隔1000多年以后的学者们所写的关于一些往事的注释。

公元前4世纪，雅典成为地中海文明世界的中心。这一时期的柏拉图学园以及这之后亚里士多德学园的创建，都对雅典的发展起到了极大的促进作用。柏拉图在数学史上的作用，至今仍是一个有争议的

①赫西奥德，公元前8世纪，古希腊诗人，牧人出身，有长诗《工作与时日》《神谱》——编注。

②泰勒斯，古希腊哲学家、数学家、天文学家，米利都学派创始人，“希腊七贤”之一，认为水为万物的本原——编注。

焦点。柏拉图本人没有留下数学著作，但是他的思想对数学哲学有着深远的影响。在《共和国》一书中，他强调数学应该是未来君主的必修课程。在《提麦奥斯》一书中，我们看到一种改良的毕达哥拉斯主义的陈述，柏拉图体是由表示火、土、气、水等四种基本元素的立方体及象征着整个宇宙的十二面体组成。亚里士多德哲学对数学的影响

埃德满多·哈雷（1656—1742，英国天文学家、数学家，首次测编南天星表，推算出以其姓氏命名的哈雷彗星的轨道和公转周期——编注）于1710年编辑的阿波罗尼奥斯著作集的首页插图。这一插图描绘了在罗得岛海岸哲学家亚里斯提卜（前435—前356，古希腊哲学家，苏格拉底的弟子，昔勒尼派创始人，快乐主义倡导者之一 ——编注）遭遇海难的经典故事。亚里斯提卜看到了描绘在沙滩上的几何图形，确信当地人具有很高的文化素养。

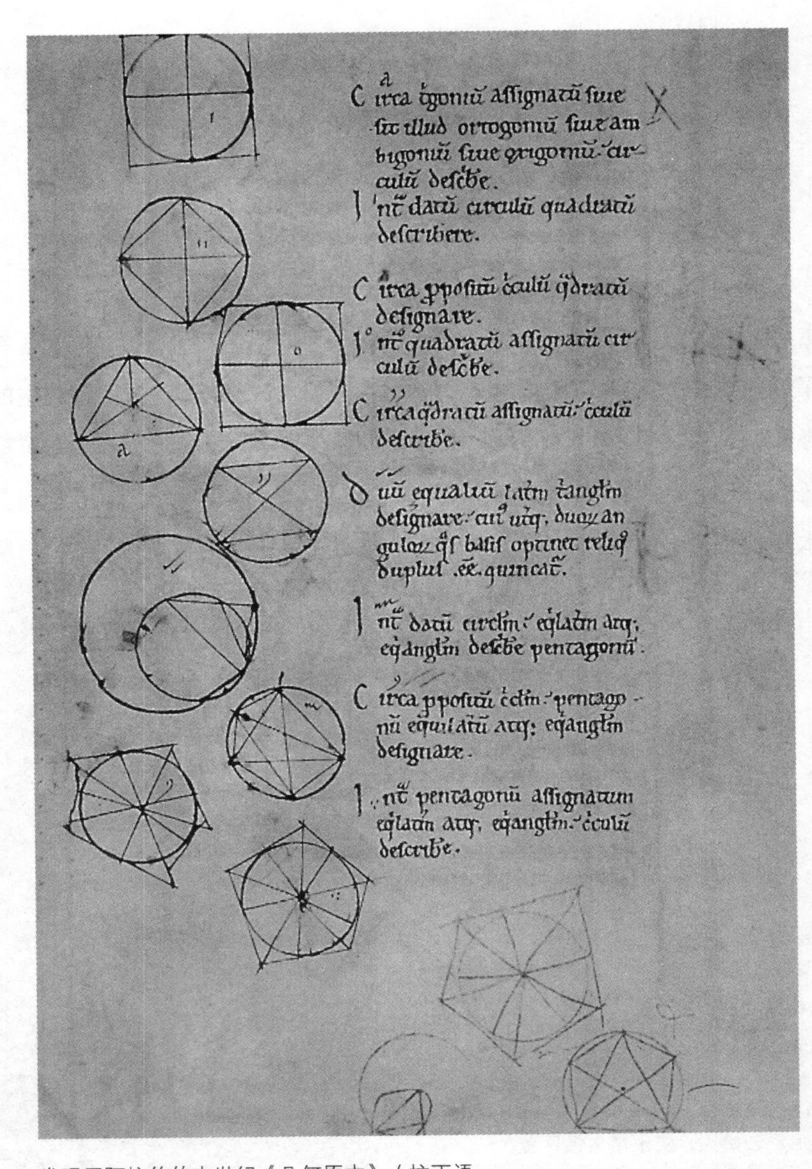

发现于阿拉伯的中世纪《几何原本》（拉丁语版）的一页。通常被认为是巴斯的阿德拉德（活动于12世纪初，英国经院哲学家和阿拉伯科学知识的早期介绍者。曾将欧几里得的《几何原本》的阿拉伯语本译成拉丁文——编注）所写的，也可能是更早的版本。这里的命题是仅借助于图形给出的。这一版本的第一卷中含有关于证明的注释。中世纪，人们对几何学的学习仅局限于《几何原本》中最简单的部分。

并非都是正面的。他对逻辑演绎的强调有着正面的影响，但是他不赞同使用无穷大及无穷小，而认为圆和直线是理想图形的思想，可能对数学的发展产生了负面的影响。

柏拉图学园和亚里士多德学园都是数学教育和数学研究的重要中心。亚里士多德当时是亚历山大大帝的老师。亚历山大帝国在发展的巅峰时期，将其版图一直延伸到了印度的北部。亚历山大死后，亚历山大帝国被对手瓜分。在托勒密一世[③]开明的统治下，被分割后的一个小国成了学习和研究的中心——这就是拥有音乐厅及珍贵图书馆的亚历山大新城。在古希腊文明的第二阶段，亚历山大远远超越了雅典。这一时期是希腊数学的黄金时代。

希腊数学中最重要的文献，无疑是由欧几里得(Euclid，约前330—前275）写的《几何原本》。与如此著名的杰作相比，我们对欧几里得的生活却知之甚少，甚至连他的出生地都不知道。我们通过普罗克洛（Proklus，410—485）的关于欧几里得《几何原本》第一卷的评注才知道：欧几里得在托勒密统治下的亚历山大新城教学。而且还记录了这样一件逸事：当托勒密王问他是否有学习几何的捷径可走时，欧几里得回答说："几何学中没有专为国王铺设的大道。"《几何原本》的声誉远远超过了欧几里得写的许多其他的著作，例如欧几里得写的关于光学、力学、天文学和音乐等方面的著作。《几何原本》成为正规的几何教科书，使得以往的几何书籍甚至它们的手抄本都变得多余而没有保留下来。像所有的教科书一样，这里所使用的《几何原本》大多都不是原著。但我们仍然要感谢欧几里得：是他收集整理了这些

③托勒密一世，约前367—前283年，古埃及国王、托勒密王朝创建人，原为埃及总督，称王后，号"索特"（意为"救星"），建都于亚历山大城，并在该地建图书馆和博物馆——编注。

资料和结果，并把这些结果用定理和证明的演绎系统的形式展示给我们。《几何原本》不是希腊数学的概述，而仅仅是几何学的基础部分。它不仅没有包含计算的技巧，也没有涉及如二次曲线这样的高深数学的内容。

《几何原本》分为十三卷。它囊括了初等平面几何、数论，以及不可比量和立体几何。《几何原本》一开始就是由 23 个公理组成的定义列表。例如“点没有大小”，又例如“线无宽度”。接着是 5 个公设和 5 个“一般概念”。其中著名的第五公设有着它自己的故事。《几何原本》的每一节都以该节要探讨的新课题开始。欧几里得认为，与公设相比，定义是不证自明的。而对今天的我们来说，定义和公设与公理都是同等的。如果有什么区别的话，公设更倾向于程序化，正如“连接任意两点做直线”，而第四条定义则是“直线是由点组成的平坦的线”。总的来说，初等几何规定只能用直尺和圆规画图。这两个简单的工具——圆规和直尺产生了整个初等几何体系，因为圆和直线是最完美的图形。当时的希腊人还使用了其他的“机械化”的构造方法，但是《几何原本》没有涉及这些方法。

该书的第一卷到第四卷讨论了平面图形，包括四边形、三角形、圆和多边形的几何作图法。有人认为这几卷书，尤其是第二卷暗示了一类代数几何学。在这里，几何作图法与代数运算具有同样的功能。无论上述观点正确与否，但从早期的这些定理来看，欧几里得所关注的完全是几何概念。术语“量”或“量度”（magnitude）全都用于表示任何一个几何对象，如一条线段或一个图形。而书中的定理则是关于作图法和量之间的关系。但书中没有给出像长度这样的数值概念，例如一个正方形被看成来源于一条线段的几何作图。欧几里得在任何地方都没有提到过一个正方形的面积是其两边长乘积的结论。这一结论在很久以后才被给出。因此，量是《几何原本》中最基本的概念。它是该书其余部分的基础。在这一背景下，欧几里得用图形转换的方法证明了毕达哥拉斯定理。如果我们被涉及的实际面积所吸引，将得到另外一种完全不同的证明。这一点是非常有趣的。

第五卷是比例的一般理论。比例论的研究是由欧多克索斯④首先阐述的。作为柏拉图学派的一员，欧多克索斯（Eudoxus of Cnidus，约前408—前355）是当时最有名的数学家之一。他有两个重要的发现：比例论和穷竭法。通过欧多克索斯的比例论，我们有能力求不可公度量的积和比，从而在很大程度上克服了不可公度量所引发的危机。实际上，欧几里得引用了比例的许多规则及这些规则的使用条件。对分数宁愿用比例，可以带来很大方便。比如我们可以这样叙述规则：“圆的面积与它直径的平方成正比。”从而可以在许多定理中使用这一规则而避开使用无理数 π。同类量之间的比是无单位的，这样，比和比之间可以进行比较，正如上例所示。因此，比是量之间的最基本的关系。比例论使我们可以比较不同的比。第六卷论述相似图形的规律，其中包含了毕达哥拉斯定理的推广。该推广不限定于由直角三角形的边所构成的正方形，同时也推广到其他与边长有关的图形。这样，如果我们以直角三角形的边长为直径作半圆，则两个小半圆的面积和与大半圆的面积相等。

④欧多克索斯，古希腊柏拉图时代最伟大的数学家和天文学家。在数学上，比例理论是他的一大贡献。他的等比定义是现代无理数概念的主要来源。在天文学方面，他可能已经发明了计算日地和月地距离的方法——编注。

第七卷到第九卷论述了数论。欧几里得认为“数”是指整数。从第七卷中的定义可以看到：处理整数实质上就是处理几何图形。欧几里得认为“大数是小数的倍数，当前者可用后者度量时”，而两个整数的积是一个长方形的面积。在第七卷中还有一个有名的欧几里得算法：求两个整数的最大公约数，或者用欧几里得的话说是“测量两个量的最大公约”。在第九卷里，我们发现一个有关下述结论的著名证明：用现代的说法是，素数个数是无穷的。而欧几里得尽可能地避开使用无穷大这一术语，因而他是这样阐述上述定理的：“素数的个数，比任何指定的素数的值还要大。”《几何原理》第九卷只给出了当素数的个数为 3 时的这一定理的证明，并没有指明对任意给定个数的素数的证明。在这一卷中还给出了构造完全数的方法。完全数是这样的数：它是它的因子的和。例如第一个完全数是 6（6 的因子是 1、2、3，而 1+2+3=6）。第二个完全数是 28（28 的因子是 1、2、4、7 和 14，而 1+2+4+7+14=28）。

第十卷详细论述了各类不可比的长度。在这里，我们还发现，一般量之间的不可比的思想已精练成长度间（及面积间）不可公度的概念。给定一条指定为可比的线段，那么，任意与它不可公度的线段称为无理的。该卷对各种不同类型的无理量（无理数）做了详细的论证：从简单的平方根到复合根，如$\sqrt{(\sqrt{a}+\sqrt{b})}$。一个关于用数值表示无理数的方法的论述引起了人们的注意。确实存在着一个基于欧几里得算法的无理数的数值表示方法。虽然它能够有效地表示单个的无理数，但用同样的表示法我们没有表达无理数的和或积的简单方法。人们好奇的是引理 1，它是一个著名的定理：存在两个平方数，它们的和是另一个平方数。也就是毕达哥拉斯定理的数论表示形式。但在此没有提到在第一卷末尾所给出的这一结果的证明。也正是在这一卷中，欧几里得着重强调了数值—几何的处理过程，是解决更进一步问题的前奏，如求积问题。他还注意到处理无理数都还可以用直尺和圆规作图的方法进行。这里没有关于立方根的讨论。无理数的详细分类，在《几何原本》的最后一节变得很有意义。在那里，无理数出现在与正立方体的关系中。

《几何原本》的最后三卷讨论了立体几何图形的性质，并且把欧多克索斯的穷竭法作为通过反复逼近求面积和体积的严格方法。阿基米德声称，是欧多克索斯首先证明了“圆锥体的体积是同底等高圆柱体体积的 1/3”。第十二卷的大部分想法基于欧多克索斯的工作。第十三卷的末尾，证明了只存在 5 种柏拉图立体，这些立体可以由三角形、正方形、五边形构造出来。每个立体都内接于球体。这里还详细说明了立体的棱到这一球心的距离。在这一卷中，我们还发现在第十卷中描述过的无理量。于是在交响乐的十三乐章落下帷幕。

从古到今《几何原本》都是最有影响的一本教科书。该书多次再版，在再版的过程中不断有新的评注加入。同时，它被翻译、编译成适合各种文化的版本。欧几里得的原始著作已经无从考察。公元 9 世纪以前的有关资料已所剩无几。但是，这一几何巨作一直流传至今，并使它之前的所有几何著作黯然失色。

在此之后的一段时间里，亚历山大新城一直保持着学术中心的地位。几何巨匠佩尔加的阿波罗尼奥斯[5]（Apollonius，前262—前190）在此学习和教学。他最著名的著作是关于几何的开创性研究——《圆锥曲线》。圆锥截面是通过从各种角度切割一个圆锥体而得到的截面。这样的截面的截口有圆、椭圆、抛物线和双曲线。阿基米德以及其后的托勒密和丢番图[6]（Diophantus，约250年）都在亚历山大新城学习过。从公元前4世纪开始亚历山大新城的学术自由逐渐衰退。泰昂的女儿希帕蒂亚[7]（Hypatia，约370—约415）是数学史中第一位女数学家。她曾一度是新柏拉图学派的领袖。随着基督教权势的增大，这一学派对被他们视为异教的科学及哲学越来越敌视。希帕蒂亚死于当地基督教徒之手。她的死标志着亚历山大学术中心衰落的开始，数学发展的中心从此转向东方的巴格达。

这一重新发现的阿基米德手稿是一份10世纪的拜占庭手稿。手稿中有一部分被擦去并重写上礼拜用的文句。在纸张紧缺的时候，这是常有的事。人们用电子技术把消去了的文字加以修复。其中含有曾一度丢失的《方法谈》。

⑤阿波罗尼奥斯，古希腊数学家，当时以“大几何学家”闻名，其专著《圆锥曲线》是古代科学巨著之一——编注。

⑥丢番图，希腊亚历山大时期的数学家，以研究代数著名——编注。

⑦希帕蒂亚，以口才、谦逊、美丽及才智著称当时。曾为丢番图的《算术》、阿波罗尼奥斯的《圆锥曲线》以及托勒密的天文学原理做过评注——编注。

# 第五章 算经

## *Ten Computational Canons*

16世纪著名的教科书《算法通宗》的首页插图。书中的“难题之师徒问答”一章在数学计算中使用了计算盘。

# 算经

中国文明起源于公元前2000年长江和黄河两岸的夏朝。商朝从公元前1520年延续到公元前1030年[①]，后来被周朝取而代之。公元前8世纪起，周朝逐渐失去它的领地。大约在公元前400年到公元前200年这一期间，出现了诸侯割据、战火不断的局面。这就是战国时代。我们找到的第一本纯数学教科书《周髀算经》就是这一时期的产物。这一时代是孔子的时代。他与其他的学者一样周游列国，过着四处游说、动荡不安的生活。在此之后，秦始皇统一中国，重新修建长城，并开始了焚书坑儒。到了约公元前200—公元200年间的汉朝，学者们开始寻找没有被烧毁的文献，并经常凭着记忆进行转抄。刘徽[②]的具有深远影响的《九章算术》评注及赵爽等人对《周髀算经》的评注，就是这一时代的产物。下一部重要著作出现于隋唐统治下的7世纪。这时，一场教育改革使得数学成为翰林院的正式科目。当时使用的教科书是《算经十书》。该书汇集了包括《周髀算经》和《九章算术》在内的所有重要著作。直到很多世纪后该书仍有着深远的影响。同一时期，连接长江和黄河的大运河的开凿是一个史无前例的巨大工程。运河的开凿给人民带来了苦难的生活，隋朝遭到了人民的反抗，短命的它很快就被唐朝取而代之。唐朝的首都长安高度发展，成了中国与中亚的文化桥梁。它就像远在西方的国际都市巴格达一样起着重要的作用。

①用大型计算机算天象确定，商朝从约前16至前17世纪至前1045年——编注。

②原文为杨辉，但杨辉是13世纪的科学家，故本处应为刘徽。刘徽于263年完成《九章算术》的注，杨辉于1261年完成《详解九章算法》，该书是《九章算术》的详细说明——译注。

在唐朝统治的300年间，有两项伟大的发明：火药和印刷术。我们对中国的历史考察到宋朝为止。宋朝一直持续到13世纪末。下面，我们来看一下《九章算术》。

中国人对幻方的兴趣，似乎主要是因为它与占卜有关，而不是因为它和数学有关。传说公元前3000年，大禹得到了两个幻方（纵横图表）。一个得之于从黄河腾飞出来的龙马，马背上画有从一到十组成的方阵，古人称之为“河图”。另一个得之于黄河支流的洛河里浮出来的神龟，龟壳上有由1到9的点组成的三行纵横图，古人称之为“洛书”，又称之为“九宫图”。幻方的第一个实例出自公元10世纪。到13世纪为止，对幻方的研究局限于3×3以下的方阵。从那时起，没有人再提及幻方的占卜功能。而杨辉致力于研究各种数字方阵及圆阵的数学性质。事实上，阿拉伯人从第9世纪以后开始研究幻方。最近西安出土了元朝时期（1279—1368）所做的阿拉伯幻方。

在中国数学史上，《九章算术》一直保持着重要的地位。原始的《九章算术》已经和后来加入的大量评注融为一体。3世纪的评注家刘徽就曾经提到了当时《九章算术》的内容已经被大量改写，删去了一些多

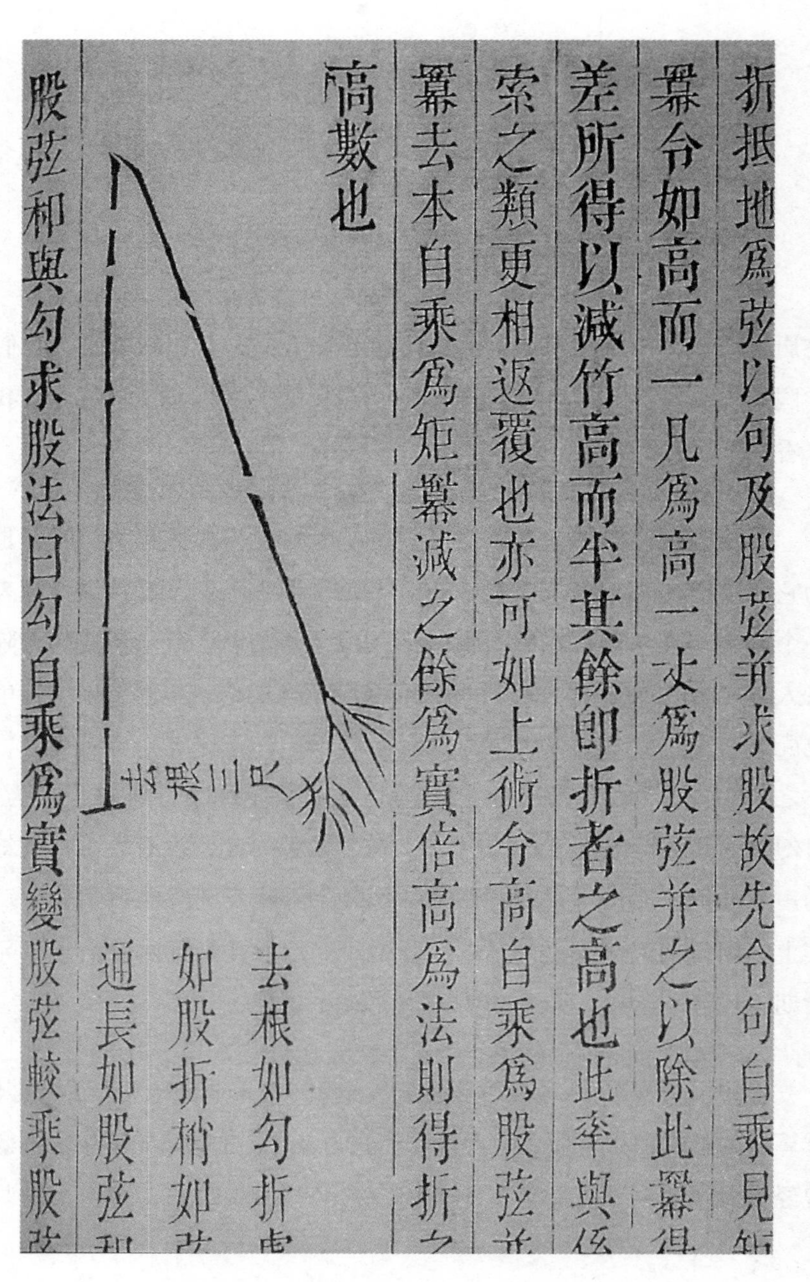

折抵地爲弦以句及股弦并求股故先令句自乘見矩
冪令如高而一凡爲高一丈爲股弦并之以除此冪得
差所得以減竹高而半其餘卽折者之高也此率與係
索之類更相返覆也亦可如上術令高自乘爲股弦并
冪去本自乘爲矩冪減之餘爲實倍高爲法則得折之
高數也



股弦和與勾求股法曰勾自乘爲實變股弦較乘股弦

杨辉的《详解九章算法》（1261 年）中的“断竹问题”。该书详尽地解说了《九章算术》中的计算方法。书中断竹形成的直角三角形，被用于解决与毕达哥拉斯定理相关的许多问题。

余的内容并加入了新的材料。《九章算术》现存的最古老的版本写于13世纪，但这只是该书的一部分，更完整的版本写于18世纪。这与我们缺乏希腊原始资料的情况类似，只是这里的时间间隔更长。《九章算术》包括246个问题。每个问题由陈述、数值答案及解题方法三个部分组成。这里没有理论解释和证明。大部分问题来自现实生活。例如土地分割、财物分配、大型建筑物的营造等。下面我们将看一看开平方根和解方程的方法。

当时，计算主要是通过在筹算盘上放置算筹来进行的。有时筹算盘是一种带格子的板，但有些著作提到可以使用任何物体的表面做筹算盘。计算过程中主要的工作是排列算筹，这样的做法使我们可以在中断的地方继续进行计算。当计算复杂时这一点特别重要。计算结果

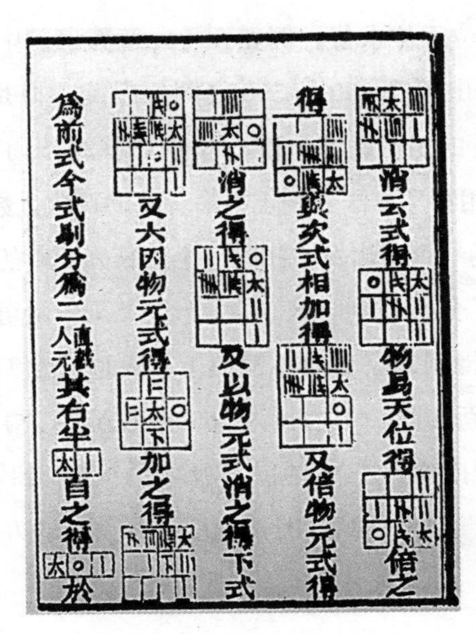

朱世杰的《四元玉鉴》（1303年）中的一页。该页说明了用矩阵寻求代数问题的数值解的方法。

就是筹算盘的最终模样。计算结果是用十进位值制来表示的，而数字的表示则使用了另外一种进位制：每根竖着的算筹表示 1，每根横着的算筹表示 5。（据史料记载）在有些资料中显示算筹的方向是可变的，但 5 和 1 总是互相垂直。这样无疑有助于使计算形象化和提高计算速度。中国人把用特殊符号表示数字 5 的方法沿用到算盘上。但直到 16 世纪，算盘的使用仍没有实现大众化。同巴比伦人一样，中国人似乎没有表示 0 的符号。在排列算筹时，出现零的位置应该留出一个空格，但是在写答案时似乎并没有留出空格。所以我们只有通过前后关系判断正确答案，例如是 18、108 还是 1800。公元 8 世纪前后，在一本印度著作的翻译本中出现了用点表示数字 0。圆形的零出现于很久以后的 13 世纪。同时还出现了一个适用于用算筹组合出来的“方形”零。

开平方根和立方根（开方术），从估算根的所在区间和位数开始，然后从高位到低位逐位求值。例如在《九章算术》中计算了 71824 的平方根，可以看出根在 200 与 300 之间。因此，根是 3 位数字 abc，而 a 等于 2。剩下的工作是求 b 和 c 的值。刘徽给出了平方根的几何求法，在此方法中用特殊方法分割正方形。根的百位上数是 2，从面积为 71824 的正方形的一个角出发，扣除一个边长为 200 的正方形，得到一个“曲尺形”图，然后找到与该“曲尺形”相配的最可能的 10 的倍数。在此例中，我们得到 60。这样 b 就是 6。从面积为 71824 的正方形的一个角开始，重新扣除一个边长为 260 的正方形，得到一个新的“曲尺形”。这一过程持续下去，直到求出所需的结果。如果答案不是整数，则持续这一过程直到得到满意的精确度。用类似的方法切割立方体，可以求得立方根。

这一几何方法实际上等价于二项式展开方法。二项式展开式的系数构成帕斯卡三角形[③]。在11世纪前或更早些时候起，中国人就把这一代数方法明确地作为一种计算方法加以运用。从此中国人可以求任何需要的n次根。我们不清楚帕斯卡三角形是中国人独立发现的，还是从印度文献中学来的。开平方根的每一个步骤，都需要解二次方程，同样开立方根需要解三次方程。因此，求根的方法可以用于解高次方程，而不需要通过构造“曲尺形”的几何方法。与其他的文明社会一样，当时只须求一个根即可。并且我们不清楚当时中国人是否知道高次方程有多个解，他们不是用像x这样的变量来表示方程的，而是仅仅通过数值系数来表示。他们没有考虑解的小数位数是有限的还是无限的：求解过程对两种情况同样有效，当得到满意的精确值时就结束计算。

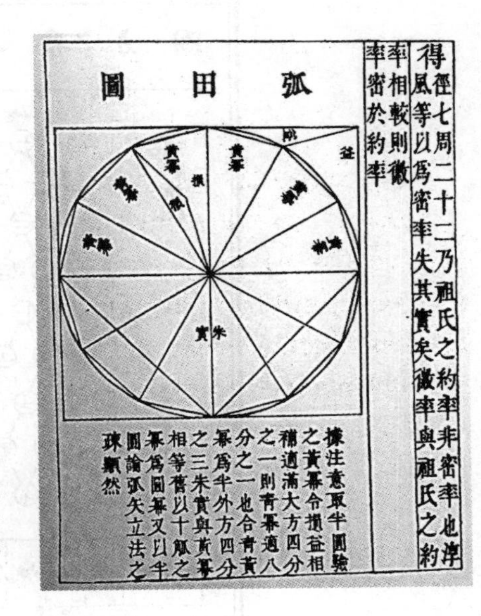


3世纪《九章算术》的评注家刘徽研究了求π的近似值的穷举法。这是由学者戴震（1724—1777）所给出的刘徽求π的方法的图解。这一张图表明如何使用内接多边形来逼近圆。

③中国称为杨辉三角或贾宪三角——编注。

《九章算术》还包含了多元一次方程组的求解问题。刘徽在评注中提到不借助特定的例子难以解释一般的求解方法。这一求解方法首先在筹算盘上用多元方程组的系数作矩阵，然后通过对矩阵中的系数进行处理来消去某些系数，从而得到方程组的解。这与现在所使用的以高斯命名的消元法一样。但是当时中国人没有发明矩阵和行列式的概念，所以把这些系数的排列称为阵列可能更贴切。

在《九章算术》中还有关于不定方程的重要研究。此类方程有多个解，有时有无穷多个解。书中有两类这样的问题，主要的一类是剩余问题，另一类是“百禽问题”。百禽问题频繁出现在中世纪的欧洲、阿拉伯和印度的文献中。例如在《算经十书》中有这样的问题：公鸡值 5

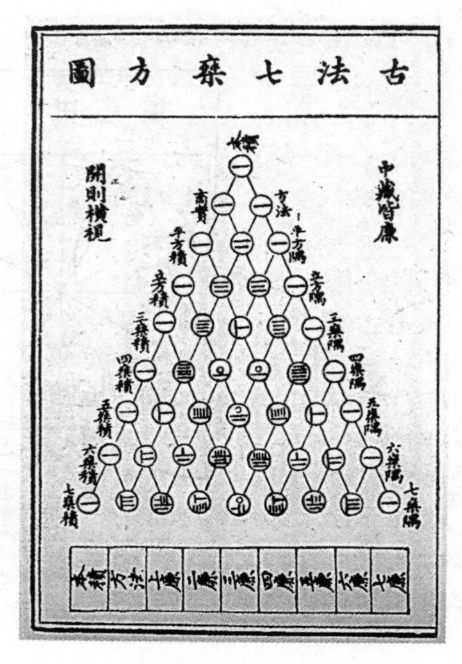


朱世杰的《四元玉鉴》（1303 年）的首页插图。展示了所谓的帕斯卡三角形的模样。该书写于帕斯卡出生之前三个世纪。

钱，母鸡值 3 钱，3 个小鸡值 1 钱。如果用 100 钱买 100 只鸡，问公鸡、母鸡、小鸡各有几只。这一问题有三个答案，其中一个答案是 4 只公鸡、18 只母鸡和 78 只小鸡（当时遗漏了 25 只母鸡、75 只小鸡和 0 只公鸡的解）。给出的解是正确的，但解释却似是而非。

关于剩余问题，书中给出了结果和一般方法，但没有给出证明。正如在《九章算术》所述的一个问题：被 3 除余 2；被 5 除余 3；被 7 除余 2，求满足这些条件的值。该书中给出了求解过程，解这一问题的关键是求 3、5、7 的最小公倍数。奇怪的是直到 13 世纪，这些问题才在秦九韶的著作中再次出现。

秦九韶出生在四川省境内的安岳县。秦九韶的父亲担任多项官职，其中做过宫廷藏书房的副主管。秦九韶在当时的国都杭州司天监学习，于 1234 年参加了反抗蒙古侵略者的战争，度过了 10 年艰苦的生活。1244 年他又在建康即现在的南京任职。但就在这一年他辞去了职务，为其母亲服丧 3 年。可能就是在这一时期，他写了《数书九章》，该书的结构与《算经十书》类似，但比《算经十书》要精练得多。

在《数书九章》中，秦九韶给出了同余式和同余式组的解法（盈不足术）。同余式在模数计算中经常遇到。同余式的解法就是现在所知道的中国的剩余定理。秦九韶说他在杭州司天监工作期间从历法制作工匠那里学到了同余式的求解方法。但是，那些工匠只是使用了这一规则，并没有理解它。这一规则被用来解决不同循环周期的问题，例如像朔望月、回归年以及人为认定的 60 年的循环周期（甲子）等。

事实上，即便是在5个世纪后重新发现了这一方法的高斯，也是运用了历法的循环问题的例子。我们不清楚秦九韶从哪里得到的这一规则。总之，这一工作已经超出了评注的范畴，是一个一流数学家才能做出来的开创性的工作。长期以来，中国有用计算来解决现实问题的传统，秦九韶成为了革新这一传统的范例。

# 第六章 数学经典

*Mathematical Sutras*

占星家们正在使用星盘和行星位置表计算帖木儿帝国皇帝帖木儿（1336—1405）出生时的星相。

# 数学经典

人们所知道的亚洲最古老的数学史料，出自印度流域的哈拉帕文明。时间大约为公元前 3000 年。这一最早的文献虽然很难解译，但它似乎与经商账目、称重和测量有极大的关系，其中特别提到了一种先进的制砖技术。大约公元前 1500 年，哈拉帕文化被来自北方的侵略者摧毁。这些号称雅利安人的人是游牧民族，使用印欧语系的语言。这一语言是梵语和许多现代语言的前身。语言学最早的语法宝典是由伟大的语法学家波尼尼[①]在公元前 4 世纪编写的。他独立地使梵语成为一种有生命力的精妙的语言。从那时起，两千年来它一直被用来记录次大陆的思想。如果说希腊数学起源于哲学，那么印度数学则是起源于语言学。

最早的吠陀梵文文献是关于宗教礼仪的论述。有关数学的论述出现于这部文献的附录中，它被称为《吠陀六分支》。其中的数学内容是在文献中以短诗形式的谚语记载的。其目的是用最简洁易记的形式来表示思想和观点的精髓。这在梵语的文献中是罕见的。《吠陀六分支》由六个部分组成，分别是语言学、语法学、语源学、诗歌、天文学及宗教礼仪。其中最后的两部分使我们能够深入了解当时的数学状况。关于天文学的附录部分叫作《约蒂经》（*Jyotisutra*）。关于宗教法规的

①波尼尼，生活在公元前 4 世纪，印度语法学家，著有梵语语法《八章书》——编注。

部分叫作《劫波经》（*Kalpasutras*）。《劫波经》的一部分是关于圣坛的结构的论述，这就是《圣坛经典》(*Sulbasutras*，又译为《祭坛建筑法式》)。

最早的《圣坛经典》大约写于前800—前600年间，早于波尼尼的梵语的法典编辑。为了修建出大小、形状、方位符合吠陀梵语圣典所要求的圣坛，几何学得以发展壮大。关于圣坛的几何学的组成部分是：几何定理、构造各种形状圣坛的过程以及与前两项相关的算法。其中最重要的定理是毕达哥拉斯定理。

下面的例子是一个理论结合实际的实例。使用毕达哥拉斯定理，可以构造出面积是已知正方形面积两倍的正方形。如果有两个正方形实物，例如用布做成的正方形，如何最有效地裁剪并重新组合成一个大正方形呢？虽然在《圣坛经典》里没有明确记载这一类问题的解决方法，但是书中暗示了解决这一类问题的基本思路。其中的一个方法是求$\sqrt{2}$的近似值。书中将$\sqrt{2}$的近似值精确到了小数点后第5位：“把1增加1/3然后再把这一增量再增加1/4，在这1/4的增量上减去增量的1/34。”这种方法可以想象成把两个正方形中的一个切割成长方形，然后把它们拼在另一个长方形的周围，来构造双倍面积的大正方形。这

16世纪莫卧儿印度王朝的栩栩如生的阿克巴编年史中的一幕。该图描绘了帖木儿的诞生。帖木儿是帖木儿帝国皇帝，他的后裔建立了莫卧儿王朝。

种做法与中国的几何学有相似之处，并且这里给出的$\sqrt{2}$的近似值与巴比伦人求出的值非常接近。

为了突出用十进位值制表示的印度－阿拉伯数字，有必要简单地回顾一下早期印度数字的发展史。佉卢数字出现在公元前4世纪的碑铭里。这里有表示1和4及10和20的特殊符号，到100为止的所有数都是通过这些符号的罗列而构造出来的。最早的婆罗米数字出现于公元前3世纪。婆罗数字记载于分布整个印度的阿育王石柱上。这一数字体系更加先进。出现了表示10、100、1000的特殊符号。巴克沙里数字出现的时期不详，但是，如果它真的像人们所推测的那样，出现在公元3世纪的话，那么这一数系就是第一个为人所知的，带有表示数字0的位值制。它只用10个符号就能表示任何数值。公元9世纪出现的瓜廖尔数字体系，类似于我们现在使用的数系。确切的史料表明，瓜廖尔数字体系是第一个带有表示0的特殊符号的数系。在受到印度文化影响的柬埔寨，我们从公元683年的一个高棉碑铭上，发现了数字0的使用。

印度数学的鼎盛时期，始于第一个千年的中叶。印度的大部分地区被皇帝笈多所统治。他鼓励人们学习科学和艺术。数学活动主要集中在三个中心地区：第一个是华氏城，它是帝国的首都。第二个是北方的乌贾因。第三个是南方的迈索尔。这一时期的两位著名的数学家分别是阿耶波多[②]（Aryabhata，476—550），他是《阿耶波提亚》一书的作者；另一位是婆罗门笈多[③]（598—670）。婆罗门笈多在628年完成了《增订婆罗门历数全书》一书。两人的主要研究方向是数学天文

②阿耶波多，印度天文学家。现代学者所知的最早的印度数学家——编注。

③婆罗门笈多，古代印度天文学家。他在《增订婆罗门历数全书》(西方又译《宇宙的开端》）中以诗的形式叙述了印度天文学体系——编注。

学和求解方程。

《阿耶波提亚》由三十三首诗组成。第一首诗是祝福词，接着是计算平方、立方、平方根和立方根的规则。其中有十七首是关于几何学的，十一首诗是关于算术和代数学的。第十首诗给出了 π 的值为 62832/20000=3.1416。这是以后 1000 年最精确的值④。书中还有一个正弦表。与托勒密使用弦长和直径作为度量标准相反，印度人使用了半径和半弦长来计算正弦。因此除了一个常数因子外，印度人的正弦概念与现在的正弦概念很接近。把 1/4 圆再分成 24 等份，从像 sin30° =1/2 这样一些基本公式出发，阿耶波多给出了从 3° 45′ 开始的正弦表。他还给出了不用正弦表，就可以求出任何角度正弦近似值的公式。其精确度一般为小数点后两位。后来婆罗门笈多使用差分法，给出了不在上述表中的其余角的正弦值的插值公式。三角学被北方的阿拉伯人和南方的喀拉拉数学家进一步完善。阿拉伯人及西方人正是通过《增订婆罗门历数全书》这样的著作的翻译本，了解了印度的数学和天文学。

婆罗门笈多是乌贾因学派中最著名的数学家之一。他的《增订婆罗门历数全书》是对当时的天文学的全面论述。其中的数学部分研究了不定分析问题。这一问题在历法的计算和天文学中都经常遇到。阿耶波多解决了线性不定方程。他的方法是使用《几何原理》中的欧几里得算法来减少系数的个数，直到能够用试错法得到方程满意的解。婆罗门笈多给出了求 $ax^2+c=y^2$ 及 $ax^2-c=y^2$ 这类方程整数解的方法。这类方程的几何意义是双曲线。在欧洲，这类方程式被称为佩尔方程。

④在公元 460 年中国的祖冲之已求出 π 准确到小数点后第 6 位的近似值——编注。

婆什迦罗完善了这一方法，得到了一种新的“循环”方法。他给出了著名方程 $61x^2+1=y^2$ 的一个解。这正是17世纪费马提出的一个难题。在这一问题提出的100年后，只有约瑟夫·路易斯·拉格朗日⑤给出了它的一组解。即使到了18世纪，婆什迦罗的算法仍优于拉格朗日算法。上述方程的最小解是 x=226153980，y=1766319049。

《阿耶波提亚》和《增订婆罗门历数全书》都没有给出其结果的证明，但这并不意味这些著作的作者们不知道这些证明及证明的必要性。婆什迦罗早就提出了证明的重要性。他否定了耆那教的用 $\sqrt{10}$ 来近似地表示 π 的做法。他认为虽然数值上很接近，但两者之间没有任何有意义的关联。从而仅仅给出计算结果及计算过程被演化成对计算结果的证明，反之，这一演化又导致了更严密的求值方法的产生。

婆什迦罗（Bhaskaracharya，1114年～1185年）是乌贾因最著名的数学家。他提出的一些概念被用于发展微积分学。他的手稿到19世纪仍在出版。印度天文学的一部分，是关于行星特别是月亮的瞬间运动的研究的。天文学家们非常准确地测定了日食的时间，这样就可以很精确地预测以后的日食。阿耶波多和婆罗门笈多用同一公式推算出月食的时间表。婆什迦罗推广了上述二人的公式，给出了似乎是正弦微分的公式。婆什迦罗在《天文奇观之计算》一书中定义了一个“无穷小”的测量单位，叫作“truti”。1truti 等于 1/33750 秒。这一“前微积分”只被用于天文学的研究，并没有被作为独立的课题来研究，也没有被运用于数学的其他分支。

⑤约瑟夫·路易斯·拉格朗日，1736—1813年。法国数学家、力学家，变分法奠基人之一，著有《分析力学》等——编注。

牛顿在他的微积分中大量地使用了无穷级数。这对使用适当的无穷项的多项式来逼近正弦和余弦特别有意义。而我们特别地注意到，喀拉拉数学正是沿着这一方向发展的。在婆什迦罗之后印度数学停滞不前。印度陷于政治动乱，但是印度的西南部没有受动乱太大的影响。

使用经纬仪观测星星的天文学家。参照有关天文学和三角学的梵文教科书《历数全书》，他们可以计算星星的水平和垂直距离。

从 14 世纪到 17 世纪，数学得到了进一步的发展。喀拉拉是海上贸易的中心，有着开放的环境。虽然我们无法确立喀拉拉在思想交流上所起的历史作用，但已有的一些数学结果给本土数学带来了繁荣。

耆那教徒摩陀伐（约 1340—1425）是中世纪伟大的数学家。他也是天文学家，并以“球面大师”著称。他的关于无穷级数的著作已经遗失，但是 16 世纪的作者们曾广泛引用其中的内容。很多以欧洲数学家的名字命名的数学结果，应该添上摩陀伐的名字。这些结果包括了正弦和余弦的无穷多项式展开，而这一展开式被认为是牛顿提出的；还包括小角度的正弦和余弦的近似公式，这一公式被认为是泰勒级数的一部分。使用这些逼近方法可以使三角函数的值达到任何所需的精确度。摩陀伐的三角函数表的精度，达到了小数点后 8 位。我们还发现了各种计算 π 的无穷级数。以下是以诗的形式给出的一种方法，它展示了如何用某些物体来代表数，从而帮助记忆。该诗的大意是这样的：

*神〔33〕，眼睛〔2〕，大象〔8〕，蛇〔8〕，火〔3〕，三〔3〕，品质〔3〕，吠陀〔4〕，星宿〔27〕，大象〔8〕，及手臂〔2〕。一位智者说：这是直径数为 900 亿的圆的周长。*

从右到左读这些数（2827433388233），然后除以直径数（900 亿）就可得到精确到小数点后 11 位的 π 的值。这一运用无穷级数的方法使我们想起了一位出生于喀拉拉的当代天才斯里尼瓦萨·拉马努扬[6]（Srinivasa Ramanujan，1887—1920），他由于卓越的成绩而进入了剑桥大学。

⑥斯里尼瓦萨·拉马努扬，数学家。他是被选为英国皇家学会会员的第一个印度人——编注。

# 第七章 智慧宫

*The House of Wisdom*

最早的阿拉伯星盘。9世纪由伊拉克人艾哈迈德·哈拉制作的星盘是一种模拟计算机。能够用于测量时间，预测星体的位置，也可以进行勘测。

# 智慧宫

公元 7 世纪阿拉伯半岛兴起了一种一神论的宗教，并且传播到了基督和波斯社会。公元 622 年先知穆罕默德从麦加逃出，在麦地那避难。仅隔 8 年，他带领军队胜利地攻进麦加。受到穆罕默德启示录的启示，他的信徒传播了《古兰经》的预言并建立了伊斯兰帝国。在帝国的鼎盛时期，国土从科尔多瓦一直延伸到撒马尔罕。早期帝国由倭马亚王朝统治，首都位于大马士革。公元 750 年倭马亚王朝被阿拔斯人推翻，并迁都巴格达。倭马亚余党逃到了西班牙，并建立了由其余党组成的伊斯兰国家。

阿拔斯人的伊斯兰教国家，在巴格达寻求建立一个新的亚历山大城。他们在这一新的亚历山大城中创建了天文台、图书馆和称为“智慧宫”的研究中心。为了把当时所有能够收集到的文献都翻译成阿拉伯语，他们实施了一项巨大的翻译工程。在阿拉伯数学中，我们可以看到巴比伦、印度以及希腊思想的影响。阿拉伯人综合和发展了前人的研究，并诱发了基础性的研究，特别是代数学及三角学的基础研究。虽然代数符号论来自欧洲，但代数的思想却应归功于阿拉伯数学。尽管早期的数学通常是用代数来解释的，但明确认识到几何问题可以用代数来表示，几何方法可以转化为代数算法，以及

16世纪洛克蔓的土耳其语手稿《历史的珍宝》。手稿描绘了穆斯林宇宙论的奥秘。每个“行星”都对应于一位先知，包括摩西和耶稣。越过黄道十二宫和月宫，我们可以看到天使的王国、通向天堂之门以及推动着宇宙的天使们。

代数方法可以超过原有的几何方法并向前进一步发展等等，这些思想都是阿拉伯人的贡献。

丢番图（Diophantus of Alexandria，约 200—约 284）的《算术》是代数学史上的一部影响深远的著作。通过破解传说中刻在丢番图墓碑上的数学谜语，我们可以知道他的终年，但还是不能确定他是哪一个世纪的人。人们认为《算术》是希腊数学的划时代杰作。《算术》的核心内容，是关于以代数方法解方程和不定方程的研究。这里的方法不依赖于几何证明。关于整系数方程的整数解的研究，是当今数学的一个分支。这一分支被称为丢番图方程。寻找毕达哥拉斯的三元组就是这样的一个例子。丢番图还使用了介于修辞学的和完全的符号代数之间的一种过渡性的代数符号体系。阿拉伯数学家把《算术》翻译成了阿拉伯语并加以广泛研究。

花剌子米（Abu Jafar Muhammad ibn Musa al-Khwarizmi，约 780—约 850）是阿拉伯最重要的一位数学家。他的名字使人联想到他出生于中亚的花剌子模。似乎他大部分时间都生活在巴格达。他是新创办的智慧宫的主要领导人。他的代数论文《移项与化简的科学》（*Hisab al-jabr w'al-muqabala*）后来对欧洲数学产生了极大的影响。事实上，“代数学”这一术语来自 al-jabr 的拉丁语译音。花剌子米的研究动机，是为了解决贸易、遗产继承及土地利用等方面的实际问题。在代数方面，《移项与化简的科学》包括了线性方程和二次方程。术语“移项”及“化简”指的是代数变换。他把二次多项式分成 6 个不同的类型。他不是把二次方程写成 $ax^2+bx+c=0$ 这样的一般形式，其中 x 是未知数，a、b、 c 是系数；而且要求方程的所有系数与所有解都为正数。因为正项的和不等于 0，因此上述二次方程的一般表达式在他的代数理论下是无意义的。另外，他把方程 $ax^2+bx=c$ 和 $ax^2+c=bx$ 看成是两个不同类型的方程。对每种类型的方程，他都给出了方程的代数解法，并且给出了求解过程的几何证明。在几何证明中可能使用了欧几里得的结果，与巴比伦及印度的方法也有相似之处。代数方法的几何证明是用文字叙述的：花剌子米并没有建立符号语言，但是他所展示的代数方法和几何方法间的相互转换，似乎与希腊的数学风格有很大的不同。

到了凯拉吉（al-Karaji，953—约 1029）时代，阿拉伯数学家们试图把代数学从几何思想中解放出来，并使代数学成为解决算术问题的一般方法。凯拉吉在巴格达创立了一个影响力极大的代数学派。他的主要著作是《发赫里》（*al-Fakhri*）。在该书中他给了高次幂及其倒数

塔奎丁在位于加拉塔的私人天文台里。这是 16 世纪洛克曼所著的《王中之王》中的一幅画。画中有许多数学和天文学仪器，包括天体观测仪、四分仪、三角板、罗盘和照准仪（图中的左上方）。由于该天文台的天文预测不受欢迎，1575 年所创立的这座天文台只是昙花一现。

的定义，给出了求高次幂的积的规则，但未能定义 $x^0=1$。接着他试图寻找求高次幂的和或称多项式的和的方法，并给出了二项式展开定理。他的独到之处是运用归纳方法给出了二项式展开定理及其展开的系数表。这一系数表今天称为帕斯卡三角形。虽然他对定理的归纳证明是不完备的，但无论如何它是一个不用几何的代数方法。

到了欧玛尔·海亚姆（Omar Khayyam，1048—1131）的时代，土耳其人占领了巴格达，并宣布成立一个正统的伊斯兰国家。欧玛尔·海亚姆在沙布尔完成学业后，于 1070 年离开了动荡不安的沙布尔，来到了比较安宁的撒马尔罕（Samarkand，今属乌兹别克斯坦）。虽然他作为诗人和《鲁拜集》（*Rubaiyat*）的作者知名度更高，但他主要是科学家和哲学家。在撒马尔罕，他写了《代数》一书。其中最新颖的部分是用几何方法解三次方程。他从阿波罗尼奥斯的翻译本中学到了关于圆锥曲线的知识，领悟到三次方程的解可以通过两个圆锥曲线的交点求出。例如形如 $x^3+ax=c$ 的方程的解，是适当画出的一个圆和一条抛物线的交点。他对一部分三次方程和它们的解进行了分类，并给出了把其他三次方程转换到所分的类中，或者转换到更简单的二次方程的代数方法。虽然从代数发展的角度来看，这一做法似乎是一种倒退，但在许多方面，他都做出了独特的贡献。他指出古代没有留下任何关于三次方程解法的文献，所以我们断定他一定是查阅了大量的资料。他还声称不能用尺规作图的方法解三次方程，而这一结论的证明直到 700 年之后才被给出。他第一个察觉到三次方程可能有多个解，但没有意识到可以有三个解。欧玛尔·海亚姆承认他的研究是不完全的，并且寻求类似于解二次方程的公式来给出三次方程及更高次方程的一般代数解。这一课题直到意大利文艺复兴时期才得以解决。欧玛尔·海亚姆的解析几何学是阿拉伯人将代数和几何融合在一起的产物。直到400年后，笛卡儿的研究才使解析几何学得到了进一步的发展。

天文学是阿拉伯数学家们研究的主要对象。阿拉伯三角学的发展，使得阿拉伯数学家们编制出了更加精确的天文表。伊斯兰教的宗教法规的精确性，客观上促进了数学的发展。伊斯兰的历法基于朔望月，每个月的第一天，从新月后的蛾眉月的出现开始。每天5次的祷告必须在固定时刻进行。祷告的时刻是由太阳的位置决定的。例如从中午时刻的影长算起，当一个物体的影长增加到该物体自身的高度时，就

纳西尔（Nasir al-Din al-Tusi，1201—1274）在他所创建的天文台中。波斯的天文学家和中国的天文学家在天文台共同合作。天文台因有长达4米的象限仪及丰富的藏书而闻名于世。经过12年的观测，纳西尔发表了介绍行星和恒星位置的《伊儿汗历》。

必须开始进行下午的祷告。而且信徒们必须面向建于麦加的伊斯兰寺院内的圣堂进行祷告，关于祷告的次数、时刻和方位的这三个法规，都迫切需要天体和行星及地理学的知识。一开始，他们通过观测来尽量满足法规的要求，并使用了从希腊和印度流传过来的表。阿拉伯人最大限度地改进了这些表和观测方法。从 13 世纪起，清真寺开始雇用能够熟练使用天体观测仪、四分仪及日晷的天文学家。

显然，任何天文学计算上的发展都需要精确的三角表。下面，我们通过回顾 sin1° 的求值方法来看一下这些发展。当时已经有了正弦、余弦和正切的准确定义、两角和及差的正弦等一系列公式。一般的方法是从 $\sin 60° = \sqrt{3}/2$ 及 $\sin 30° = 1/2$ 这样的值出发，通过几何计算来精确求值。然后使用半角公式不断地二等分角度直到得到 1° 或接近 1° 角的正弦值。阿布－瓦法[1]（Abu-l-Wafa，940—998）从已知的 sin60° 的值出发，计算了 sin72° 的值，并通过一个适当的公式计算出 sin12° 的值。再使用半角公式进一步求出了 sin（1° 30′）及 sin45′ 的值。因为这两个角非常接近，sin45′ 到 sin（1° 30′）的正弦曲线近似于直线，所以使用算术方法就可以求出 sin1° 的值。使用这样的方法，阿布－瓦法编制出了每隔 15′ 的正弦表。在六十进制下，上述表的精确度是小数点后 5 位，而在十进制下精确度为小数点后 8 位。

虽然我们已经有了三角表的制表理论，但是在此后的 300 年间，三角表的制表技术没有重大的突破。那时的巴格达被蒙古统治，帝王是兀鲁伯 (Ulugh Beg，1394—1449)。兀鲁伯在撒马尔罕建立了科学中心，卡什（Al-Kashi，1380—1429）是当时新天文台的第一任台长。他极大

①阿布—瓦法，波斯天文学家，最伟大的穆斯林数学家之一，对三角学的发展作出了重要贡献——编注。

地改进了三角表的精确度。运用正弦三倍角公式，他建立了一个三次方程，这一方程使他可以通过 sin3° 的值来求 sin1° 的值。然后他利用迭代方法计算出 sin1° 的值。这一值在六十进制下精确到小数点后 9 位，在十进制下精确到小数点后 16 位。利用已建立的关系，他完成了三角表的其余部分。但这也仅仅是计算技巧的改进。200 年后，开普勒使用了类似的方法。在提高数值精度的同时，阿拉伯人完善了既是观测仪又是模拟计算器的天体观测仪。天体观测仪利用天体来进行测时。当时巴格达之星已经开始走向衰退。蒙古统治者被土耳其人取代，他们的首都和文化中心建立在伊斯坦布尔。

我不能全身心地投入代数的学习中。因为在这一动荡不安的时代中有许多障碍阻碍我。一个原因是，除了少数人以外，大多数人都丧失了获取知识的权利。如果是在太平的年代，这些人就会抓住一切机会投身于科学研究中去……另一个原因是，很多人混淆是非，把自己装扮成哲学家的样子。他们只会装作博学进行欺骗，并利用科学来满足一己的私欲。如果有谁在寻求真理，努力揭露伪善和谎言等一切虚伪的东西时，他们就会嘲笑、愚弄这个人。

欧玛尔·海亚姆，《代数问题的论证》，约 1070 年

# 第八章 文科七艺

## *The Liberal Arts*

格里格·赖希所著的《哲学珍珠》(1503年)的首页插图。插图描绘了文科七艺中的七个科目：逻辑、修辞、文法、算术、音乐、几何、天文。下面的两个人物是亚里士多德和塞内加。

# 文科七艺

公元529年，身为基督徒的东罗马帝国皇帝，查封了异教徒的哲学团体，其中包括雅典学园。持续了1000年的希腊数学从此结束。许多学者迁移到科学土壤更加肥沃的波斯帝国。此前200年，君士坦丁大帝把基督教指定为罗马的官方宗教，并把首都从罗马迁移到拜占庭，将其改名为君士坦丁堡。西罗马帝国第一任皇帝查理曼（742—814）将一切权力掌握在自己的手中。这一时期，君士坦丁堡是走向兴旺的伊斯兰帝国的一个地区，而巴格达是闻名于世的科学中心。西欧帝国的统治者查理曼鉴于基督教地区的文化劣势，发动了一场以教会学校为中心的教育改革。这场教育改革由亚琛的查理曼宫廷学校的校长阿尔昆[①]（Alcuin，735—804）负责。阿尔昆还开发出了加洛林小写体。这是现代罗曼小写体的前身。查理曼死后，他的三个儿子反目相向，又一次分裂了欧洲。教育远没有达到预期的目标。但是在教区学校和修道院，科学研究并没有完全中断。

罗马时代设置了七艺（七门基础课）：文法、修辞、逻辑、几何、算术、天文以及音乐。由所设课程可以看出，数学是这些课程的主要组成部分。但是事实上，当时对掌握数学的程度要求很低。波伊提乌[②]（Boethius，约480—524）可能是罗马帝国最早的数学家。他编写了四

①阿尔昆，盎格鲁—拉丁语诗人，教育家和教士。他重新编纂了拉丁文《圣经》，写有教育、神学和哲学等方面的著作——编注。

②波伊提乌，古罗马学者，哲学家、神学家、政治家。将亚里士多德著作译成拉丁文并加注，并译出全部柏拉图著作。著有《哲学的慰藉》等——编注。

格里格·赖希所著的《哲学珍珠》中的天文学示意图。图中人物手中拿着一个四分仪，借助四分仪及天文表我们可以测量纬度和时间。

艺（算术、几何、天文、音乐）的规范教程。他的《算术》是亚历山大后期毕达哥拉斯学派尼科马克斯（Nichomacus，约60—约120）所著的《算术入门》的简化本。波伊提乌的《几何》基于欧几里得的《几何原本》前四卷，但是删去了全部证明。《天文学》是托勒密的《大综合论》的删节本。《音乐》则是从希腊资料中简编而来的。这些课程的目标，似乎是为了维持各学科的最低水准，而不是为以后的科学研究做准备。数学主要是用于计算历法和复活节日期。历法和复活节日期的计算，都需要天文学的知识。由于在基督教国家与伊斯兰教国家接壤的地区，人们进行了不同寻常的学术交流，使得拉丁欧洲（南欧）的科学再度复苏。

由于先知穆罕默德及《古兰经》的教义，阿拉伯人发动了一场征服波斯帝国和东罗马帝国的战争。阿拉伯与拉丁欧洲的边界，从西班

格里格·赖希所著的《哲学珍珠》中的几何学形象图。此图展示了几何学的真实本质：从制作四分仪到木工及建筑测量。

牙的南部及西西里一直延伸到了东部的省份。正是在西班牙，特别是在托莱多城，尽管基督教文化和伊斯兰教文化之间冲突不断，但两种不同的文化之间仍进行着学术上的交流。在十字军东征的两个世纪期间，形成了如此自由的学术氛围几乎可以说是一种奇迹。在公元 8 世纪阿拉伯人入侵之前，托莱多曾是西哥特人的首都。但是在公元 11 世纪末被基督教军队夺回。科尔多瓦成为伊比利亚的首都。科尔多瓦的倭马亚统治者要把科尔多瓦建成在城市规模上及学术水平上，都超过阿拔斯王朝时期的巴格达的大都市。作为伊斯兰最后堡垒的格拉纳达，直到 1492 年穆斯林和犹太人被基督徒赶走为止，一直属于伊斯兰。阿拉伯西部边境成了与巴格达媲美的艺术科学的港口。在科尔多瓦，基督徒、穆斯林和犹太人共同合作，编写了一本关于重要研究成果的大全，并将其翻译成阿拉伯语、拉丁语、希腊语、希伯来语和卡斯提语

14 世纪天文学家在使用一根带有钟表的圆管观测北极星。这种仪器可用于夜间记录时间。

等各种版本。对于欧洲来说，这是重新发现希腊、印度和阿拉伯数学的关键时期。从 11 世纪到 12 世纪，从活跃在这一地区的许多科学家的名字中，可以看出托莱多是一个国际都市：切斯特的罗伯特（Robert of Chester）、迈克尔·斯科特（Michael Scot）、卡林西亚·赫尔曼 (Hermann of Carinthia)、蒂沃利的柏拉图 (Plato of Tivoli)、巴勒莫的欧几尼奥 (Eugenio of Palermo)、布鲁格斯·鲁道夫 (Rudolph of Bruges)、塞维利的约翰 (John of Seville)、克雷莫纳的杰拉德 (Gerard of Cremona) 以及巴斯的阿德拉德 (Adelard of Bath)。

巴斯的阿德拉德[3]（1075—1160）可能是当时最著名的翻译家。由于无缘于学者名单而显得更加引人注目。我们认为，他的关于阿拉伯人的知识来自西西里。虽然西西里早在 100 年前就从阿拉伯人的手中到了法国诺曼底人之手，但是伊斯兰的研究精神仍然流传了下来。阿德拉德分别于 1126 年、1142 年把花剌子米的《天文表》和欧几里得的《几何原本》从阿拉伯文翻译成拉丁文，大约在 1155 年又把托勒密的《大综合论》从希腊文翻译成拉丁文。人们对阿德拉德的了解仅限于知道他曾周游法国、意大利及土耳其等地。

也许克雷莫纳的杰拉德（1114—1187）[4]是最伟大的翻译家。据说他有 85 部翻译作品。他到托莱多的本来目的，是通过学习阿拉伯语来阅读托勒密的《大综合论》。当时还没有拉丁文版的《大综合论》。之后他就一直留在托莱多，从事数学、科学和医学的翻译工作。其中包括欧几里得的《几何原本》的萨比特·伊本·库拉[5]的阿拉伯语版的修订版，这一译著改进了阿德拉德的早期版本。切斯特的罗伯特于

③阿德拉德，英国经院哲学家和阿拉伯科学知识的早期介绍者。曾将《几何原本》的阿拉伯语本译成拉丁文，此书曾作为西方主要几何学教本历时数百年。著有《论异与同》《自然问题》等——编注。

④杰拉德，赴托莱多学习阿拉伯语，留居该地终生。据说他曾将 80 余种阿拉伯文著作译为拉丁文。托勒密所著《大综合论》于 1175 年由他译完，1515 年印行——编注。

1145 年首次翻译了花剌子米的《代数学》。正是在这一时期，许多现代通用的专业术语被引进欧洲。通常这些术语来自对技术词汇的误解和拙劣的音译。例如，单词“algorithm”是花剌子米的名字“al-Khwarizmi”的讹误，而“algebra”则是从他的代数著作“*Hisab al-jabr w'al-muqabala*(《移项与化简的科学》)”中的“al-jabr”的音译得来的。在原书名中，“al-jabr”意为“移项”，在该书中指的是化简方程中负项的方法。还有像“nadir（最低点）”“zenith（最高点）”“zero（零点）”以及“cipher（零）”等，均是这一时期的产物。

时隔不久，一股新的研究热潮激起了对新知识的追求。早期的教会教条吸收了许多柏拉图的哲学思想。然而，由于对柏拉图这样的异

14 世纪阿布拉罕・克里斯科所制的《加泰罗尼亚地图集》中，描绘的黄道十二宫各宫的天体图。

⑤萨比特・伊本・库拉，约 836—901 年，阿拉伯数学家、医生、哲学家。9 世纪繁荣的阿拉伯—伊斯兰文化的代表——编注。

教徒哲学的惧怕，东罗马帝国皇帝关闭了位于雅典、持续了900年的柏拉图学园。几乎与此同时，亚里士多德的逻辑成为了波伊提乌三学科之一。虽然方式不同，但柏拉图和亚里士多德都与基督教的教义紧密相关。因此，对希腊科学和哲学的重新评定，在某种程度上被认为是对教会尊严的攻击。亚里士多德在许多科学领域著书立说，包括力学、光学及生物学。不幸的是，尽管他强调观察的重要性，但是他的很多理论与客观现实相矛盾。与之相反，柏拉图关于科学的著作比较少，而且通常轻视实践，但是他强调数学在描述宇宙时的重要性。亚里士多德认为数学附属于物理学。阿拉伯与希腊著作的翻译版间的相互矛盾，使这一状况变得更加复杂。在当时，优秀的研究中心是巴黎和牛津。下面将重点考察以牛津的默顿学院为中心的被称为默顿学校的运动。新生的科学方法将展示数学的中心作用。

罗伯特·格罗斯泰斯特[6]（Robert Grosseteste，1168—1253）倡导新的理性主义哲学的研究。他在默顿学院学习，并从1215年到1221

牛津数学家及天文学家理查德（约1292—1336，后来为圣奥尔本的修道院院长）正在使用一对比例规制造仪器，可能是一个观象仪。

⑥罗伯特·格罗斯泰斯特，1235年以来英国林肯地区的主教和有影响的学者。他将希腊和阿拉伯哲学与科学著作的拉丁语译本介绍给拉丁基督教世界——编注。

年任该校校长，而且在1229年到1235年期间任牛津地区方济各会的教区长。接着他担任林肯主教。数学本身在很大程度上是中立的，但是数学和物理学的结合对已有的宇宙哲学论是一个强有力的挑战。中世纪的光学充分体现了这一点。格罗斯泰斯特认为光是整个宇宙的基础，他的这一观点以及其他一些观点倾向于新柏拉图主义。格罗斯泰斯特创建了宇宙哲学论。这一哲学论使我们联想到宇宙“大爆炸学说”。这一学说认为：一开始宇宙是以“原始火球”的形式存在，这个火球经过膨胀凝聚成星体。格罗斯泰斯特主要是继承了如海桑[⑦](拉丁译名是Alhazen)等阿拉伯人的研究工作，同时还参考了如亚里士多德等希腊人的研究。格罗斯泰斯特主张光是物质的脉冲波，在空气中以直线传播，与声音的传播相似。光和声都以定速传播，但显然光的传播速度更快。他研究了透镜组合，并且将其用于放大物体。阿拉伯人在11世纪就已经研制出了透镜，虽然质量得不到保证，但13世纪意大利北部已经开始加工生产眼镜。格罗斯泰斯特认为，彩虹是由云彩的透镜效果而产生的。当光照射到云彩时被云彩折射。这与亚里士多德的观点不同。亚里士多德认为，彩虹是由光被水滴折射而产生的。格罗斯泰斯特的得意门生罗格·培根[⑧]（Roger Bacon，1214—1294）发展了这一理论。他分析了彩虹的中心、彩虹的直径以及彩虹、太阳及观察者三者之间的空间位置关系。培根同格罗斯泰斯特一样，认为彩虹是由光在云彩内部的折射而产生的。这些折射来源于各个水滴而非整个云彩。培根的著作覆盖了数学和科学的很多领域，但是他的一生是以一个制造提神药物的医生而闻名的。培根关于潜水艇和飞机的想法可以与后来的达·芬奇（Leonardo da Vinci，1452—1519）相媲美。德国科

⑦海桑，约965—1039年，阿拉伯数学家和物理学家，在托勒密时代之后第一个对光学理论做出重大贡献。他的光学论著于1270年被译成拉丁文，题为《海桑光学理论》——编注。

⑧罗格·培根，英国方济各会修士、哲学家、科学家和教育改革家。著有《大著作》《小著作》和《第三著作》——编注。

学家弗赖贝格的提奥多里克（Theoderic of Freiberg，约死于1311年）在13世纪末发展了光学，形成了现代光学理论。他用充满了水的球形水瓶和水晶球来模拟水滴进行实验研究。他通过观察创立了光的内部折射理论：光谱理论。人们现在通常认为这一理论是笛卡儿创造的。但是，我们可以看出，早在300年前，中世纪的科学家们在光学方面已经取得了与笛卡儿相似的进展。

但是，教会及亚里士多德的权威经久不衰。罗格·培根写道："如果我有超过亚里士多德的力量，我会把他的著作全部烧掉。"他认为这些著作过度依赖哲学教条而不是基于实验观测，从而阻碍了科学的进步。与当时的其他知识分子一样，这一思想使罗格·培根入狱。奥

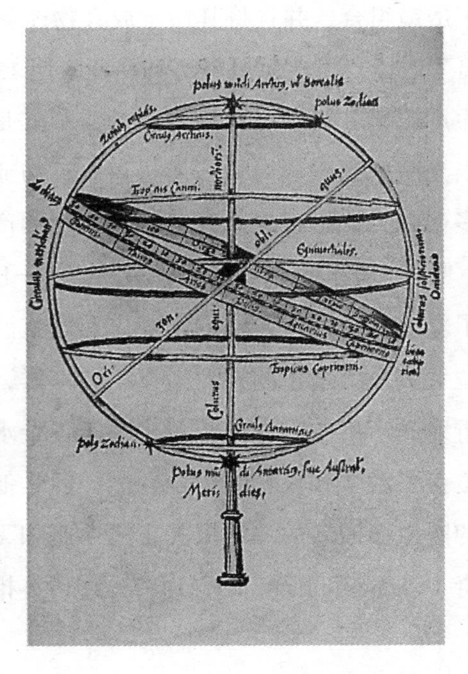

前述书中，天文学分卷中一个环形球的图。该球主要用于教学，中心是地球，并带有黄道圈等。黄道圈位于天球的球面上。

康姆的威廉[9]（William of Ockham，约1288—1349）继续对亚里士多德进行攻击。他坚持主张神学和自然哲学应该分开：它们一个是探讨启示录的知识，而另一个是从实验中获取知识。曾经被格罗斯泰斯特提及而现在被称为"奥康剃刀"的哲学思想认为：在科学领域里，我们应该寻求符合事实的最简解。奥康姆的威廉，指责了神学和学院派哲学企图通过建立在绝对假设基础上的演绎系统来解释物理现象的做法。中世纪的科学家们试图寻找一种用数学语言表述的演绎步骤，以从实验数据推导出物理学的假说。由此我们可以看到，中世纪的科学家们尽了最大的努力来创建一种实用的经验主义哲学。

肆虐欧洲的鼠疫使奥康姆的威廉于1349年英年早逝，不知是天妒奇才，还是教会及亚里士多德的权威还未到毁灭之时。无论是哪种原因，中世纪的科学精神都被扼杀于萌芽之中。200年后这种精神才得以复活。

⑨威廉，14世纪影响最大的英国哲学家和论辩家，被认为是晚期经院哲学家中的唯名论的创立者。提出"没有必要不应当增加实体"，即著名的"奥康姆剃刀"——编注。

# 第九章 文艺复兴

## *The Renaissance Perspective*

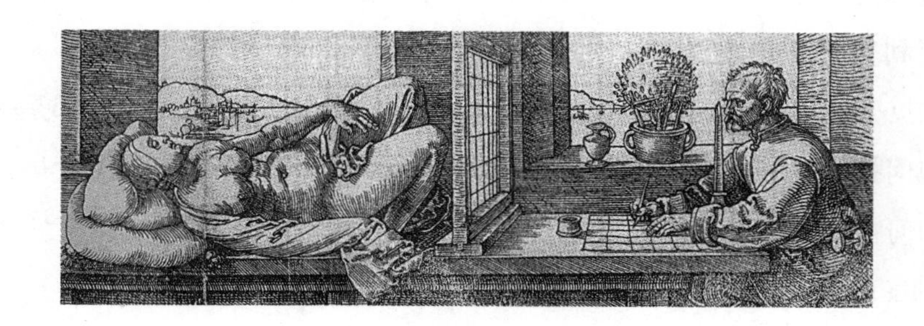

丢勒（1471—1528，文艺复兴时期德国最重要的油画家、版画家和理论家——编注）的《圆规和直尺测量法》（纽伦堡，1525 年）图示了使用纱布栅格用透视法作画。

# 文艺复兴

许多文献都描绘了被称为新一代欧洲人觉醒时期的意大利文艺复兴。新一代欧洲人对古典文化的研究，不仅仅是为了复古，而是希望把这一研究与新体系、新思想和新研究方向结合起来。艺术和几何学的结合，特别是透视法的使用，充分体现了这一点。在透视法的研究取得成功之前，许多文艺作品中已经体现了文艺复兴的自然主义风格。而透视法的使用，使观赏者的视点在油画的创作中得以体现，从而增加了油画的逼真性。透视法对建筑学也是极为重要的。古典建筑风格的复兴始于公元前1世纪，其理论依据主要是维特鲁威①的《建筑十书》。重审古典建筑物的研究现今仍然在持续着。透视法的早期研究家，如菲利普·布鲁内莱斯基②（Filippo Brunelleschi，1377—1446年）和阿尔贝蒂③（Leon Battista Alberti，1404—1472），他们所做的，都是关于如何把有关建筑的应用数学与几何结构结合起来的研究。而最早讨论如何在油画中应用透视法的专著，是皮埃罗·德拉·弗朗西斯卡④（Piero della Francesca，约1412—1492）所写的《绘画透视学》。

皮埃罗·德拉·弗朗西斯卡，是佛罗伦萨附近的圣塞波尔克洛的一个日用商品经销商的儿子。也许是为了经营家族生意，他就读于一所应用数学学校。当时的意大利建立了许多这样的学校。皮埃罗自小

①维特鲁威，公元前1世纪罗马建筑师、工程师，名著《建筑十书》的作者。在文艺复兴时期、巴洛克时期以及新古典主义时期，他的著作成为古典建筑的经典——编注。

②菲利普·布鲁内莱斯基，意大利文艺复兴初期建筑师。幼年习金艺与雕塑，后专攻建筑。重新发现为古希腊、罗马人所知而于中世纪湮没的透视学原理，代表作有圣洛仑佐教堂、佛罗伦萨大教堂等——编注。

就显示出了他的聪明才智，而且由于生意的需要他完全有理由成为一个数学家。但是他决定改变这一生活，开始给一位当地画家当学徒。他熟练掌握了数学和绘画两项技能，这使他成为能安然入选数学和艺术两个编年史的仅有的几个人之一。他在佛罗伦萨的时间似乎很短。事实上，他大部分著名的著作，都是在乌尔比诺这样的小镇中完成

16世纪佛兰德式油画《测量者》。画中展示了各种数学仪器，图中场景与在所谓的“算术学校”里讲授应用数学的意大利传统做法相似。

③阿尔贝蒂（列昂·巴蒂斯塔），意大利复兴时期人文主义者、诗人、建筑师和理论家。对艺术的研究以《绘画》一书为其杰作，第一次将透视画法系统化，还著有《建筑学十书》——编注。

④皮埃罗·德拉·弗朗西斯卡，意大利文艺复兴时期重要画家。从抽象数学方式和专门绘画技法研究入手，对绘画透视学和解剖学理论有较大贡献。著有《绘画透视学》《论五种标准人体》——编注。

的。皮埃罗只有三篇论文被保留了下来，而且这三篇论文既没有准确的写作日期，也没有原始标题。在介绍他的关于透视法的研究之前，有必要先来看一下他在几何学中的一个新发现。人们认为皮埃罗重新发现了五种阿基米德立体。之所以称为阿基米德立体，是因为公元4世纪亚历山大的数学家帕普斯⑤认为，是阿基米德发现了这些多面体。阿基米德立体扩充了柏拉图正多面体，允许含有由多个正多边形构成的面。1619年，开普勒⑥证明了共存在十三种这样的多面体。其中五种阿基米德立体可以通过切割柏拉图正多面体的角来得到。在皮埃罗之前，这些多面体是用语言来描述构成该多面体的多边形的形式给出的。而皮埃罗描述了它们的结构，并且画出了它们的图形。尽管在其中的某些图中所用的透视法不十分正确，但这仍是一个巨大的进步。因为在那时，实用几何学的著作中大多只是粗略地画出这些立体。例如他们把圆锥画成位于一个圆上的一个三角形。在1509年出版的由卢卡·帕乔利写的《神圣的比例》之中，记载了皮埃罗的这些成果。该书包括了由帕乔利的朋友达·芬奇（1452—1519）所画的图和第六种阿基米德多面体。

皮埃罗写于15世纪的文献《绘画透视学》现在仍存有拉丁语和托斯卡土语两种版本。该书的前言提到本书只探讨用于油画的透视法。但是皮埃罗及同时代的人们，把透视法的规则看成是光学的一部分，而不仅仅把它看成是单纯的绘画技术。为了使画看起来更自然，关键是必须使画符合人类的视觉规律。因此，人眼是整个作品的核心。如果油画是窗外景色的速写，那么在空间只存在这么一个点，从这一点观看可以得到正确的视觉效果。观察者的眼睛必须与油画的水平线等

⑤帕普斯，活动时期为公元320年前后，亚历山大时期最后一位伟大的希腊几何学家。文中所提“阿基米德多面体”见于其所编的《数学汇编》第五篇——编注。

⑥开普勒，1571—1630年，文艺复兴时期有名的德国天文学家、占星家。行星运动三大定律的发现者、近代光学奠基人。著有《宇宙的神秘》等——编注。

高，并聚焦于油画的没影点。在立体构图时为表示远近而缩小对象的横截线，与油画的水平线交于一点。这一点通常在画面的外面，而且这一点与没影点之间的距离是观看者和画面之间的最佳距离。《绘画透视学》是按欧几里得的风格写成的，并参照《几何原理》的格式安排定理和证明。皮埃罗给出了一些把实在的规则图形（称为"完美"的图形）投影到画面的方法。这样可以生成"退化"的图形。之所以这样说，是因为这种图形是表示在平面上的，而且投影线聚焦于观测者的眼睛。皮埃罗从把一个方形物体投影到带格子的平面上的方法出发，展示了人与地面的距离和"退化"的图形之间的关系。然后他考察了其他多边形，给出了它们的形状以及从某一角度观察时的投影图。皮埃罗接着研究了从立方体到柱体，例如六棱柱等，各种各样的柱体在投影时棱长的投影效果。《绘画透视学》以许多不同视点观测到的人体头部的投影图结尾。

后来，画家和建筑师以及剧院的布景师们对皮埃罗的研究成果做了详尽的论述并加以运用。透视法对当时油画所产生的影响引起了一些争议。我们看到在皮埃罗之前，透视法已被用于绘画中，如在多米

《牧羊人日历》（伦敦，1506 年）中的一幅木刻。刻板的手法与当时使用透视法的绘画艺术形成鲜明的对比。

尼科[7]的《圣母领报》和保罗·乌切洛[8]的《圣罗马诺之战》中都有所体现。我们可以从皮埃罗的《基督受笞》中看到这一方法的运用，这幅画可以看成是他的论述的实际体现。但在他自己的《圣母领报》，出于宗教的目的，肖像画通常比纯自然主义油画要大许多，以强调它们的重要性。米开朗琪罗认为作画时没有时间去追求数学上的精确，而只能靠目测。然而《西斯廷教堂》却完全是按照透视法画成的。而在《最后的审判》中，米开朗琪罗把画的上部画得要比其下部大了许多，使得我们从很远的地方也能看到他们。这是我们在书上看这幅画时得

皮埃罗·德拉·弗朗西斯卡的《基督受笞》展示了他的《透视法》中的许多特色，包括了棋盘布局及建筑学中的元素。

⑦多米尼科，1438—1461年，意大利早期文艺复兴画家，15世纪佛罗伦萨画派的奠基人之一——编注。

⑧保罗·乌切洛，1397—1475年，15世纪初佛罗伦萨画家，他致力于建立一套新的绘画透视法则，是文艺复兴艺术风格的重要创造者之一，有代表作《圣罗马诺之战》等——编注。

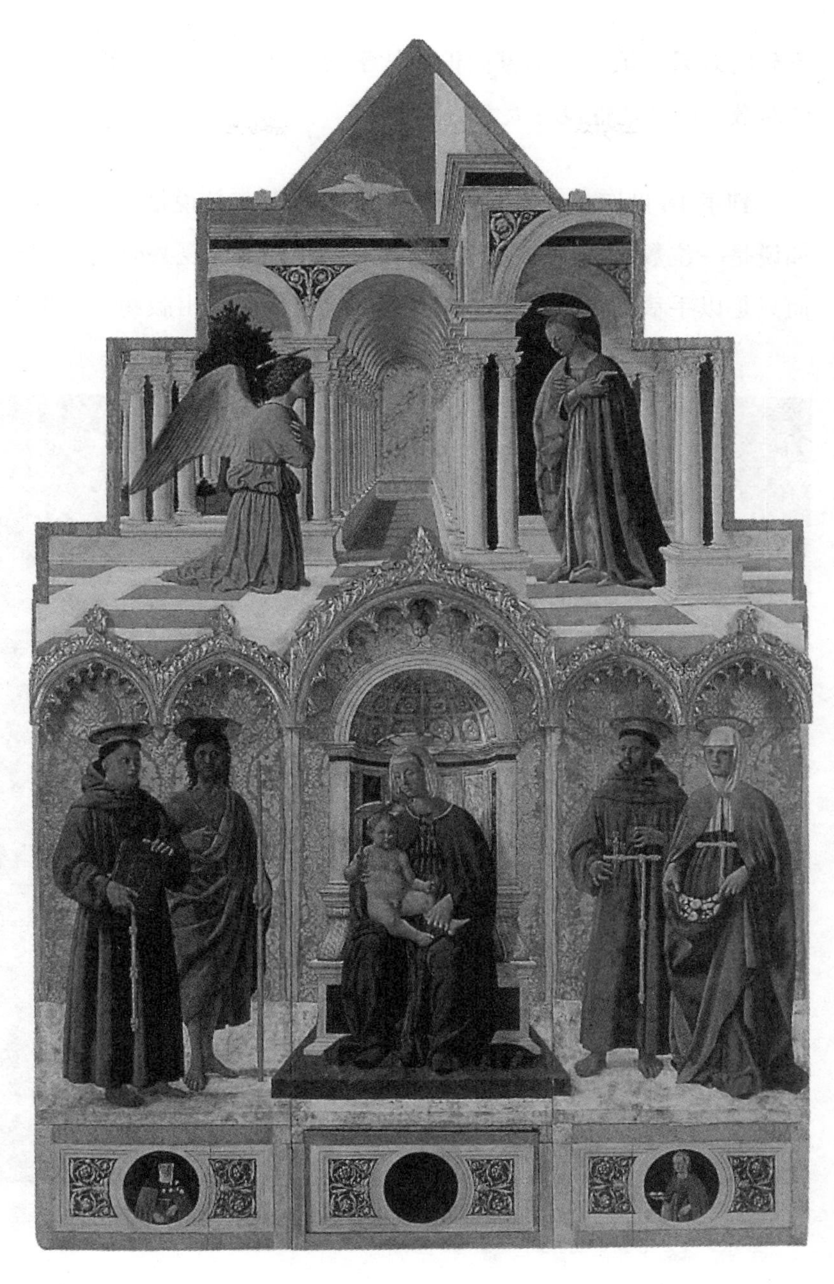

皮埃罗·德拉·弗朗西斯卡的《圣母领报、圣母圣子与圣徒》。在此画中可以看到透视画法的严格使用和宗教需要的满足，在这样的建筑学构图上，人物被画得稍大了些。

不到的效果。虽然艺术家们很快就学会了这一新技术，但这一艺术手法对数学的纯洁性没有太大的帮助。

到了 16 世纪，在人们的记忆中，皮埃罗与其说是一位艺术家还不如说是一位数学家。他关于透视法的论述在文艺复兴时期没有出版，而只是以手稿的形式传播。其内容出现在他人的出版物中。很多作者

米开朗琪罗的《最后审判》采用了与丢勒同样的手法，画的上部比下部要大些，这样在地面上看就一样大了。

提到了他的关于透视法的开创性工作。但是，很多人都认为他关于复杂图形的透视分析难以理解，因此，许多作家都忽略了他的难度较大的章节。人们对制作观测仪器越来越感兴趣，这些观测仪器与观测家们所使用的类似，它们可以帮助艺术家们用透视法描绘物体。丢勒在他的《圆规直尺测量法》一书中向人们展示了一些这样的测量仪器。在大部分仪器中都有一个表示投影线的绳。它与一个带有可移动的十字形金属线的框架相交。图像通过点与点的连接画出。另一个选择是，艺术家通过一个四方的格子看景象，这个格子起到了类似于坐标系的作用。这样的装置被用于放大图形。

丢勒（Albrecht Dürer，1471—1528）是 18 个孩子中的一个，出生于纽伦堡，父母都是匈牙利人。他准备跟随父亲做珠宝生意。但是当他 13 岁时，显示出了非凡的艺术才能。从那以后，他开始学习绘画和雕刻。1490 年，丢勒开始周游各地，并开始基于数学科学开发一种新

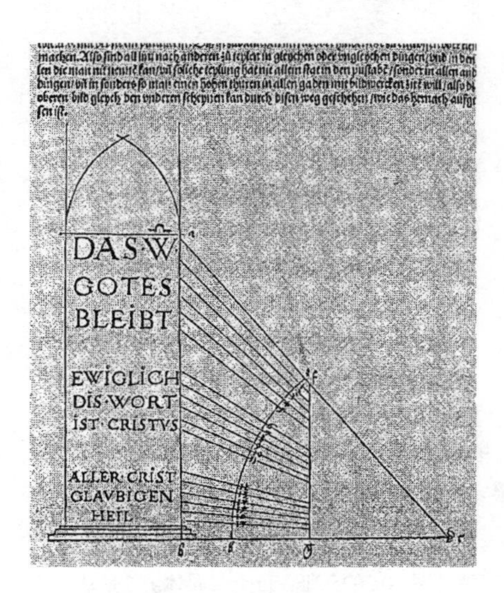


丢勒的《圆规直尺测量法》（纽伦堡，1525 年）展示了为使地面上的人能够清楚看到柱子上的文字，如何改变字体大小。

艺术的思想。他回到纽伦堡后，开始研究欧几里得、维特鲁威、帕乔利和阿尔贝蒂的著作。之后丢勒去博洛尼西拜访了帕乔利，并开始了他自己的关于艺术和数学的研究。丢勒著名的铜版画《忧郁症》（1514年），使得他声名大噪。他从腓特烈三世（智者）、撒克森帝和神圣罗马帝国皇帝马克西米连一世那里，得到了高额的佣金，并拥有一家兴旺的印刷公司。1523年，他完成了《比例论》。但因为书中的数学内容对他的读者来说过于深奥，所以丢勒把它改写成浅显易懂的《圆规直尺测量法》，并于1525年出版。除了早期的贸易算术外，这是第一本用德语写成的数学书。这本书使丢勒成为文艺复兴时期最重要的一位数学家。该书大部分是关于平面几何学和立体几何学的，也包括了作图法和透视法。这部著作的一个重要部分，是关于立体图形的平

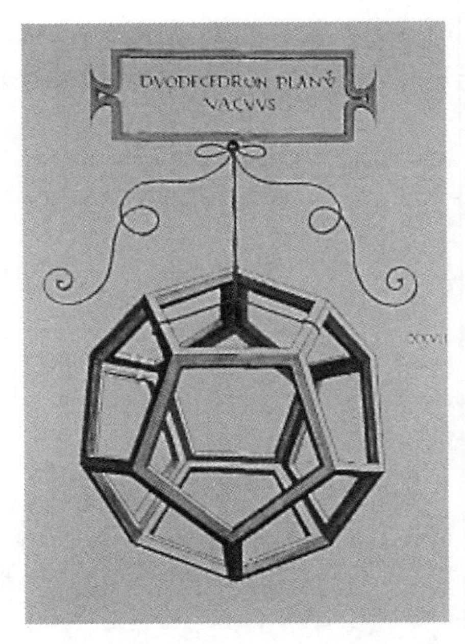


柏拉图宇宙的象征：正十二面体。这是达·芬奇在帕乔利的著作《神圣的比例》（1509年）中所画的。

面图和正视图的论述。这一数学分支，现在称为画法几何学。这一研究涉及建筑师和工程师。

透视几何与圆锥截面理论——对圆锥相截，形成圆、抛物线及双曲线等图形——的结合，产生了数学的另一个新分支：射影几何学。吉拉尔德·德扎尔格[9]（Girard Desargues，1591—1661）是一个博学而富有的里昂人。他一生中很少发表作品，但他一直作为由数学家和哲学家马丁·梅森[10]发起的数学小组的一员进行数学研究。1639 年他发表了一篇题为《试论锥面与平面相截的结果的初稿》的论文。这是一篇难以理解的文章，仅发行了 50 部。

射影几何学的依据是：从观察者的角度来看，“完美”的图和“退化”的图是一样的。超越油画的画面来推广这一结果，意味着原始图形可以投射到无穷多个平面上去，而且从某个固定的视点看，这些投影都是一样的。德扎尔格观察了在这样的投影变换下图形的哪些性质保持不变。他的功绩是重新给出了圆锥曲线的一般处理方法。他不是把这些圆锥曲线看成独立的个体，而是把它们看成圆沿圆锥线束的投影变换。例如在此体系下，一个倾斜的圆就是一个椭圆。

这种方法的精妙之处在于：只要对一个圆锥曲线，例如圆，建立一个定理，就可以通过适当投影，把该定理推广到其他圆锥曲线上。尽管如此，德扎尔格的功绩只是给出了一个新方法，而不是建立了一个具有突破性的定理。与此同时，笛卡儿的代数几何取得了巨大的成功。笛卡儿认为，如果把德扎尔格的研究用代数语言来表示，那么他的研

⑨吉拉尔德·德扎尔格，法国数学家，引入射影几何学的主要概念。所著《试论锥面与平面相截的结果的初稿》因借用植物学名词作为数学术语，致使该书两百年间无人问津，直至 1845 年才得以重见天日——编注。

⑩马丁·梅森，1588—1648 年，法国数学家、自然哲学家和宗教家，于 1644 年提出了梅森数，这是可以推导出代表一切素数公式的开拓性探索。著有《科学中的真理》——编注。

究会更容易理解。后来，笛卡儿承认，他的代数几何与德扎尔格的研究可能只是在风格上有所不同，但在内容上并没有什么区别。但是，数学家们正忙于研究数学的其他方向，德扎尔格的工作逐渐被遗忘。他的射影几何学和画法几何学都是到了 19 世纪初才被重新建立在健全的数学基础之上。

伟大聪明的艺术家们目睹这些人的愚蠢表现时，他们不会去嘲笑这些人的愚昧，他们所憎恶的是尽管这些人花费了很大的工夫，但没有使用任何技巧，胡乱作画。这些人没有认识到他们的错误是由于他们没有学习几何学。没有几何知识，任何人都不可能成为真正的艺术家。这些人的错误应该归罪于他们的老师，这些老师自身对绘画这一艺术一无所知。

丢勒，《测量的技巧》，1525 年

# 第十章 数学的大众化

## Mathematics for the Commom Wealth

16 世纪后期广为使用的卷首插图。使用这一插图的书中最有名的是亨利·比林斯利写于 1570 年的《几何原本》英文翻译本。该书由约翰·迪（1527—1608，英国炼金术士、占星家和数学家，对英国数学的复兴有重大贡献——编注）作序。这幅画来自托马斯·莫斯利关于音乐的论著。

# 数学的大众化

16 世纪的欧洲充满了机遇和希望。此前两百年的天灾人祸，使欧洲大陆极度动荡不安。14 世纪中期发生的鼠疫不分贫富、不分地位地吞食了近一半的欧洲人口。英法之间的近一百年的战争，又从肉体上和精神上严重地摧残着侥幸逃脱鼠疫的人们。1453 年，君士坦丁堡沦陷于土耳其人的手中，这象征着东罗马帝国末日的到来。与此同时，尊重传统与教养及个人自由的意大利文艺复兴和人文主义传统，取得了丰硕的成果。印刷术和雕刻技术的发明，使新思想比以往任何时候都得到了更加广泛的传播。同时，欧洲人还注视着外部的世界。海上探险、远征和贸易等活动都在不断增加。航海和贸易的需求，促使随后两个世纪的数学得以迅猛发展：航海需要精确的航海图、天文图，贸易则需要有效的会计学。但是，在 1500 年左右，制图学及会计学都没有取得足够的进展。代数学、三角学、几何投影、对数理论和微积分学都有待于开发和进一步完善。在回顾这些发展之前，有必要了解一下当时数学地位得到提高的前因后果。

正如我们以前看到的那样，数学是修道院学校培训的主要课程。这里所培训的课程，是算术、几何、音乐和天文四艺。但是，由于当时对古代教科书的过度盲从及对教会尊严的维护，这一狭隘的数学需求限制了数学的发展。术语“Mathematicus”既表示“数学家”，同时也表示“占星家”(开普勒曾抱怨道，他计算占星图所得的报酬远比他从事天文研究赚的钱多)。虽然当时欧洲还没有专业的数学家，但是随着欧洲经济的发展，迫切需要财会和贸易人才。这些职位由行会和工匠作坊的人获得，而不是大学里的专业人才。在文艺复兴时期，商人的子弟们在学校或作坊里，可以学到初等数学的完整知识。正是在这些地方阿拉伯数字开始流行。

从 12 世纪开始，这种新的数字通过用拉丁文翻译阿拉伯教科书逐渐被人们所接受。1202 年，比萨的莱奥尔多，即斐波那奇①（Fibonacci，Leonardo of Pisa，约 1180—约 1250）出版了他的《算经》。虽然现在人们认为该书是数学的里程碑，但当时人们却认为，该书不如萨克罗博斯科（Sacrobosco，John of Halifax，约 1200—1256）的《数字计算技术》。不幸的是，《算经》的书名（*Liber Abbaci*）很易令人误解。带有两个“b”的术语“abbacus”指的是使用新数系的计算方法，与称之为算盘（abacus）的计算装置无关。事实上，使用新数系计算方法的人员与使用算盘计算的计算方法的拥护者之间，处于一种敌对状态。人们把使用新数系进行计算的人称为“算术家（algorist）”，而把仍在使用筹算盘和算

①斐波那奇，意大利中世纪最杰出的数学家，促进了印度－阿拉伯数学在欧洲的传播，提出了以他命名的数列——编注。

这是罗伯特·雷科德（1510—1558，英国数学家，他的第一批用英语写的基础算术和代数教科书，成为伊丽莎白时代英格兰的标准读物——编注）的《知识宝库》（1556年）的卷首插图。《知识宝库》是宇宙论的教科书。在这幅卷首插图中雷科德描述了他的教育学目标以及战胜权威的喜悦：无知站在不稳定的球体之上，而知识站在坚实的基石之上。

盘进行计算的人称为“算盘家 (abacist)”。一个精通新数系计算规则的人叫作“计算师（maestro d'abbaco）”。

在《算经》中，斐波那奇深入探讨了商业数学。在国际贸易中，商人们不得不应付多种不同的度量衡体系以及不同货币间的流通问题。他们需要一种有效的计算方法来避免出现严重错误。1494 年，帕乔利出版了他的《算术、几何、比与比例集成》。该书作为关于复式簿记法等会计学实践的第一本文献而闻名于世。它也是当时实用数学的总汇，包括了算术、代数和几何。最早的关于算术的出版物，出版于 1478 年的特雷维索，作者不详。这一时期出现了一批受过算术、航海学、测量学等应用数学训练的人才。这一时期的符号体系还没有最后形成。

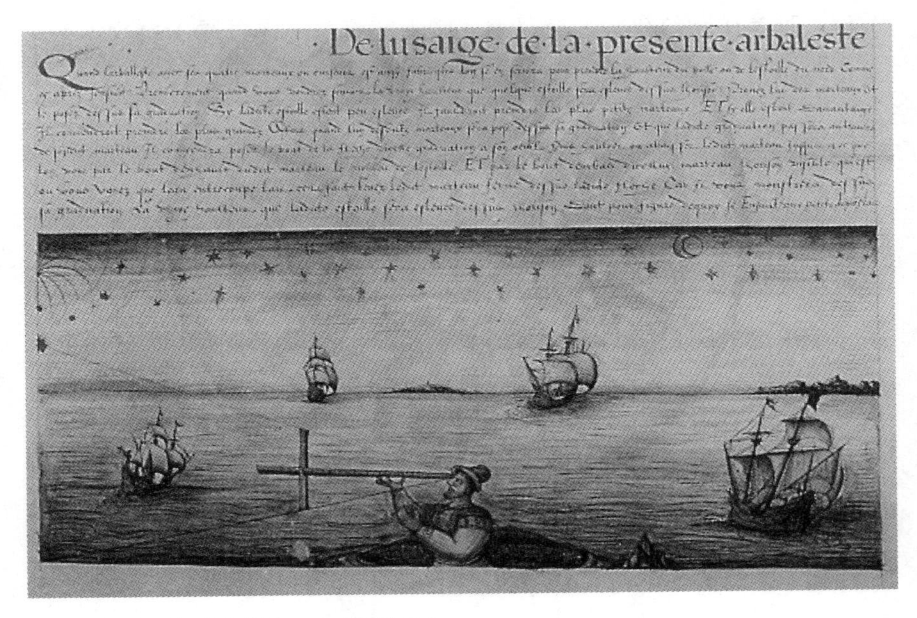


这是法国 16 世纪的教科书。书中讲述了十字杖的理论和应用。这一仪器被用于测量太阳和北极星的纬度。这样，航海家们就可以计算出他们在海上的纬度。

小数仍是以六十进制和单位分数的形式表示的。十进制小数在16世纪开始流行，但是在天文学的计算中仍然使用六十进制。十进制的小数由于内皮尔②的推行而开始流行。

不使用惯用的拉丁文，而是使用当地语言制作教科书，使得数学教科书被更多的人所接受。与此同时，这样的做法也产生了一些语言障碍。亚当·里斯在德语教科书中推进了新阿拉伯数字体系的使用。罗伯特·雷科德(Robert Recorde，约1510—1558)可能是最早的数学普及者。他写出了第一部英文数学教科书《技艺基础》，书中还包含了他的算术研究成果。这部关于算术的教科书在150年后仍被出版。该书的大部分是以对话的形式写出的。其中含有很多宣扬他的教育目的的对话和实例：使读者能够通过各种途径进行自学。他被引用最多的著作，是关于初等代数的教科书《智力磨石》（1557年）。这本教科书首次使用了等号（=）。而雷科德的《学问之路》（1551年）一书详细地描述了两个有鲜明对比的数学观点：一个是把数学看成是实用工具；另一个是把数学看成是美学研究的一部分。雷科德极力主张真理高于权势，把数学看成是寻求真理的崇高的技术。这样的观点可能不被所有人接受，因此尽管他担任着布里斯托尔铸币厂的审计员及爱尔兰一个矿山的测量员，但他却仍死于监狱，这很可能是因为政治上的鲁莽。

雷科德的同事约翰·迪（John Dee，1527—1608）与雷科德一样，虽然在事业上飞黄腾达，晚年却是贫困潦倒。迪和雷科德两人都是摩寺科维（俄罗斯）公司的航海和绘图顾问。迪于1577年写了《航海的

②内皮尔，1550—1617年，英国数学家，对数发明人，设计计算尺的先驱，著有《关于奇妙对数规则之描述》等——编注。

完美技术》，但是他的主要兴趣是当时左右着伊丽莎白一世的新兴的新柏拉图神秘科学，并潜心学习占星术和炼金术。他是伊丽莎白王朝的占星家，负责计算星座图和监管历法改革。他的名声使得他在宫廷中令人既尊敬又害怕。虽然在伊丽莎白加冕之前，迪就是她的顾问，但是他仍感到宫廷中有潜在的危险。他需要时常吹捧自己的研究对国家很有用，以此来保护自己。事实上，当他从欧洲旅行归来时，虽然被许诺可以得到退休金，但最终还是没有得到这笔钱，而于1608年死于贫困。迪对数学的最大贡献，是为后来当上了伦敦市长的比林斯利所翻译的欧几里得的《几何原本》作序。这是《几何原本》的第一个英文版本。这部译著可能就是由迪编辑的。

(b) 作为真理和科学的忠实信徒，伦敦的约翰·迪由衷地希望上帝保佑这部书获得成功。

〔……〕数学中有两个主要对象：数和几何体。〔……〕数和几何体都是抽象的，不具有物质性。首先，我们考察数和数的科学，并称其为算术；然后，我们考察几何体和几何体的科学，称之为几何学。但这一称呼不能使我们满意，需要进一步说明。怎样来领会没有物质性的数呢？又有谁不感到数很奇妙呢？〔……〕因此伟大的哲学家波伊提乌说：〔……〕所有事物都是由于数而形成的。不管它原来是什么，具有什么样的形态，是怎样形成的，上帝知道这一点。〔……〕

(e) 没有人可以怀疑知识是崇高和天赐的智慧。这一崇高和天赐的智慧就是数和几何体的数学构思。这一构思是方法、工具和指南，是简便的、确实可靠的及必不可少的。下面，我将为那些能够并且愿意把自己的智慧用于上帝的荣誉、国家的利益、个人的需求以及个人的地位的人做以下的前言。我将依次地叙述和描绘这两个来自自然的数学基础的艺术。借此播下数学的种子，并使其在自然的土壤中生根、发芽、茁壮成长并开花结果，永不休止。〔……〕

我将用最通俗的语言讲述被称为欧几里得《几何原本》的关于几何学的重要科学。这样，无论是大学的学者，还是普通的大众，甚至是年幼的孩子都可以从中受益。这是一部多么伟大的书啊！〔……〕

另外，在英格兰和爱尔兰这片土地上，已经掌握了处理数字及使用直尺和圆规的一般技师们，将会从此书中学习和掌握新的研究成果、强有力的工具和手段，以达到创造社会财富、实现个人爱好或更好地经营自己的财产，等等各种各样的目的。因此，我相信这本书一定会受到大众的欢迎。〔……〕

在前言的后面，我将附上一个精心、系统地编制的内容目录，从中你可以容易地知道这部书论述的要点。你最好是记住这些要点。

最后，我祝愿你按上帝的旨意行事，并愿上帝保佑你学习进步，为我们的国家作出贡献。

阿门

约翰·迪对欧几里得《几何原本》的比林斯利译本的前言（1570年）

约翰·内皮尔不是一个职业的数学家，而是一个苏格兰农场主，梅奇斯顿的一个大财主。他花费了大量的时间经营财产。但他还抽出时间来撰写各种主题的文章，这也使他卷入了反对天主教神学的运动中。尽管在当时新阿拉伯数字体系已经得到了广泛的使用，但是人们还是在用笔和纸来进行计算，为此，人们设计了各种提高计算速度的方法。内皮尔有两个大大简化计算的发明：内皮尔算筹和对数。内皮尔算筹是一些刻着乘法表的小棒。把这些小棒排成一列就可以从中读取任意冗长的乘积运算。这些小棒的功能是：将冗长的乘积转化为简单的加法。类似地，对数的发明也是为了提高运算速度。术语“对数”（logarithms）来源于“比例”（logos）和“数”（arithmos）的结合。数学家们被内皮尔揭示的“算术数列”与“几何数列”的关系所震撼。利用这一关系，幂的积可以转化为幂的和。内皮尔认为这一方法可以运用于任何幂的运算。他在 1614 年写

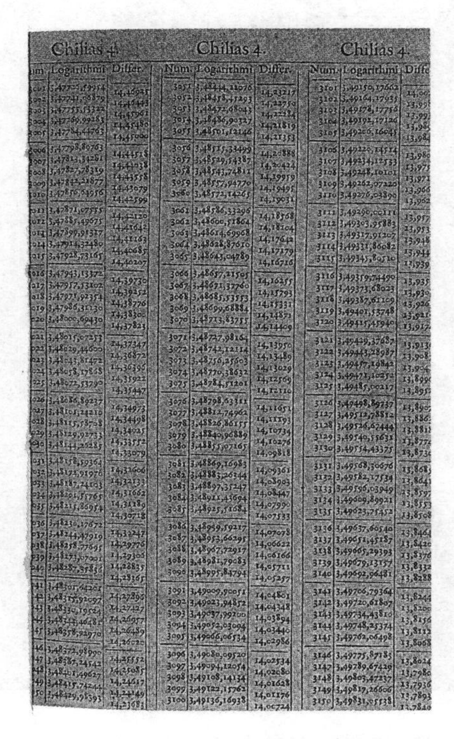

Chilias 4. Chilias 4. Chilias 4.

| Num. | Logarithmi | Differ. | Num. | Logarithmi | Differ. |
| --- | --- | --- | --- | --- | --- |
| 3051 | 3,48444,22076 | 14,23217 | 3101 | 3,49150,17662 | [illegible] |
| 3052 | 3,48458,45293 | 14,22750 | 3102 | 3,49164,17935 | [illegible] |
| 3053 | 3,48472,68043 | 14,22284 | 3103 | 3,49178,17756 | [illegible] |
| 3054 | 3,48486,90327 | 14,21819 | 3104 | 3,49192,17126 | [illegible] |
| 3055 | 3,48501,12146 | 14,21353 | 3105 | 3,49206,16045 | [illegible] |
| 3056 | 3,48515,33499 | 14,20888 | 3106 | 3,49220,14514 | [illegible] |
| 3057 | 3,48529,54387 | 14,20424 | 3107 | 3,49234,12533 | [illegible] |
| 3058 | 3,48543,74811 | 14,19959 | 3108 | 3,49248,10101 | [illegible] |
| 3059 | 3,48557,94770 | 14,19495 | 3109 | 3,49262,07220 | [illegible] |
| 3060 | 3,48572,14265 | 14,19031 | 3110 | 3,49276,03890 | [illegible] |
| 3061 | 3,48586,33296 | 14,18568 | 3111 | 3,49290,00111 | [illegible] |
| 3062 | 3,48600,51864 | 14,18104 | 3112 | 3,49303,95883 | [illegible] |
| 3063 | 3,48614,69968 | 14,17642 | 3113 | 3,49317,91207 | [illegible] |
| 3064 | 3,48628,87610 | 14,17179 | 3114 | 3,49331,86082 | [illegible] |
| 3065 | 3,48643,04789 | 14,16716 | 3115 | 3,49345,80510 | [illegible] |
| 3066 | 3,48657,21505 | 14,16255 | 3116 | 3,49359,74490 | [illegible] |
| 3067 | 3,48671,37760 | 14,15793 | 3117 | 3,49373,68023 | [illegible] |
| 3068 | 3,48685,53553 | 14,15331 | 3118 | 3,49387,61109 | [illegible] |
| 3069 | 3,48699,68884 | 14,14871 | 3119 | 3,49401,53748 | [illegible] |
| 3070 | 3,48713,83755 | 14,14409 | 3120 | 3,49415,45940 | [illegible] |
| 3071 | 3,48727,98164 | 14,13950 | 3121 | 3,49429,37687 | [illegible] |
| 3072 | 3,48742,12114 | 14,13489 | 3122 | 3,49443,28987 | [illegible] |
| 3073 | 3,48756,25603 | 14,13029 | 3123 | 3,49457,19842 | [illegible] |
| 3074 | 3,48770,38632 | 14,12569 | 3124 | 3,49471,10252 | [illegible] |
| 3075 | 3,48784,51201 | 14,12110 | 3125 | 3,49485,00217 | [illegible] |
| 3076 | 3,48798,63311 | 14,11651 | 3126 | 3,49498,89737 | [illegible] |
| 3077 | 3,48812,74962 | 14,11193 | 3127 | 3,49512,78812 | [illegible] |
| 3078 | 3,48826,86155 | 14,10734 | 3128 | 3,49526,67444 | [illegible] |
| 3079 | 3,48840,96889 | 14,10276 | 3129 | 3,49540,55631 | [illegible] |
| 3080 | 3,48855,07165 | 14,09818 | 3130 | 3,49554,43375 | [illegible] |
| 3081 | 3,48869,16983 | 14,09361 | 3131 | 3,49568,30676 | [illegible] |
| 3082 | 3,48883,26344 | 14,08903 | 3132 | 3,49582,17534 | [illegible] |
| 3083 | 3,48897,35247 | 14,08447 | 3133 | 3,49596,03949 | [illegible] |
| 3084 | 3,48911,43694 | 14,07990 | 3134 | 3,49609,89921 | [illegible] |
| 3085 | 3,48925,51684 | 14,07533 | 3135 | 3,49623,75452 | [illegible] |
| 3086 | 3,48939,59217 | 14,07078 | 3136 | 3,49637,60540 | [illegible] |
| 3087 | 3,48953,66295 | 14,06622 | 3137 | 3,49651,45187 | [illegible] |
| 3088 | 3,48967,72917 | 14,06166 | 3138 | 3,49665,29393 | [illegible] |
| 3089 | 3,48981,79083 | 14,05711 | 3139 | 3,49679,13157 | [illegible] |
| 3090 | 3,48995,84794 | 14,05257 | 3140 | 3,49692,96481 | [illegible] |
| 3091 | 3,49009,90051 | 14,04801 | 3141 | 3,49706,79364 | [illegible] |
| 3092 | 3,49023,94852 | 14,04348 | 3142 | 3,49720,61807 | [illegible] |
| 3093 | 3,49037,99200 | 14,03894 | 3143 | 3,49734,43810 | [illegible] |
| 3094 | 3,49052,03094 | 14,03440 | 3144 | 3,49748,25374 | [illegible] |
| 3095 | 3,49066,06534 | 14,02986 | 3145 | 3,49762,06498 | [illegible] |
| 3096 | 3,49080,09520 | 14,02534 | 3146 | 3,49775,87185 | [illegible] |
| 3097 | 3,49094,12054 | 14,02080 | 3147 | 3,49789,67429 | [illegible] |
| 3098 | 3,49108,14134 | 14,01628 | 3148 | 3,49803,47237 | [illegible] |
| 3099 | 3,49122,15762 | 14,01176 | 3149 | 3,49817,26606 | [illegible] |
| 3100 | 3,49136,16938 | 14,00724 | 3150 | 3,49831,05538 | [illegible] |

内皮尔的1628年版《对数》中的一页。亨利·布里格斯在内皮尔死后完成并发表了该书。布里格斯是牛津大学第一位几何教授。后来这一版本的内容被巴贝基用于表格误差分析中。

的著作《关于奇妙对数表之描述》一书中给出了一个“内皮尔对数表”。原始的内皮尔对数没有底数的概念。他把单位长度的线段分

格里格·赖希的《哲学珍珠》中的算术的象征。从罗马算盘到阿拉伯数学的转移异常缓慢。两种体系抗争了几个世纪。事实上，新数字是那么新奇，如果你倒着看这幅画，你就会发现艺术家正在描绘着一类毫无意义的计算。

成 $10^7$ 份，这样的分法就能使大部分运算足够精确。他定义了关系式 $N=10^7(0.9999999)^L$，其中 L 是 N 的对数。利用上述关系式可以得出：$10^7$ 的对数是 0，而 9999999 的对数是 1，而 $10^7$ 到 9999999 之间的数的对数在 0 到 1 之间。他给出的是三角函数对数表，而不是自然数的对数表。这表明内皮尔所关注的是如何处理在天文学及

小霍尔拜因（1497—1543，德国画家和装饰艺术家，英国亨利八世御前画家，作品注重对象表面质感与装饰品细节，不注重心理刻画——编注）的《大使们》（1533年）。法国大使们在亨利八世的宫廷里劝说他不要与加德林离婚。画中的各种数学仪器既代表了四艺这样的知识，也象征这些知识所赋予的权力。

航海中需要的冗长运算。亨利·布里格斯[3]是内皮尔的一个崇拜者。他是牛津大学的第一位几何学教授。这两位数学家都同意构造一个更加易用的对数表，使得 1 的对数等于 0，10 的对数等于 1。但是 1617 年内皮尔不幸去世。至今仍在使用的以 10 为底的对数的研究工作就落到了布里格斯的肩上。布里格斯绘制了从 1 到 1000 的对数表。1624 年，布里格斯又把这个表扩展到 100 000。这两个表的对数值都精确到了小数点后 14 位。使用一个固定的底的优越之处在于，在计算时去掉了 $10^7$ 这个因数，揭示了对数的决定性的规律，即积的对数等于对数的和，商的对数等于对数的差。现在的计算器及计算尺的存在使对数表、三角函数表、倒数表成为多余之物。但是，在当时，

这是一个非常流行的内皮尔计算辅助仪器。初期这一仪器中的“棍棒”被做成四棱的铁棍或木棍。后来仪器中的“棍棒”又被架在盒子中，而且可以旋转。实际上，该仪器把冗长的乘法运算转换成一系列的求和运算。

③亨利·布里格斯，1561—1630 年，英国数学家，发明常用对数，制定常用对数表，并有船海学、天文学著述——编注。

布里格斯的表节省了大量的运算劳动，因而受到欢迎。需要做正弦和余弦运算的航海家们发现：两个 7 位数间的乘运算通过取对数，被简化成加法运算，再反过来在表中查反对数就会求出结果。在这以前这样一个计算需要花费一个小时，因而航海家们计算出来的是一个小时之前的位置，而现在只需要几分钟。

弗兰西斯·培根（Francis Bacon，1561—1626）既不是数学家也不是科学家，但他与柏拉图一样，对科学的哲学思想产生过巨大的影响。在伊丽莎白女王时期，培根是英国国会下院议员及女王的私人律师。但到了 1618 年随着詹姆斯一世的登基，培根的事业也开始腾飞，成为宫廷的首席法官。在国王一次生病期间，培根莫名其妙地由于受贿而遭到弹劾。尽管这样，詹姆斯国王仍付给培根年金，所以他的下台只损伤了他的自尊心，而没有使他的经济受损。培根的著作积极提倡，自然哲学应成为政府和王室的首要议题。他的著作《学习的进步》和《伟大的复兴》，献给了詹姆斯国王，于是国王任命他为科学的代言人。培根的作品影响了以后的牛顿、哈雷等科学家，还奠定了英国科学革命的基石。同时培根还主张建立皇家科学院，他的地位意味着科学得到了政治和财务上的支持。“知识就是力量”，“科学推进了社会的繁荣昌盛”。这就是培根在《新工具》（1620 年）中阐述的观点。培根对数学的观点倾向于应用，认为数学是科学的语言和工具。但是培根又谨慎地预见，数学不是一成不变的，新的研究方向会不断出现。商人、航海家及科学家们运用数学，给人类带来了巨大的财富。数学不再为数学家们所独占，成为了被公众所掌握的科学。

# 第十一章 代数与几何的联姻

*The Marriage of Algebra and Geometry*

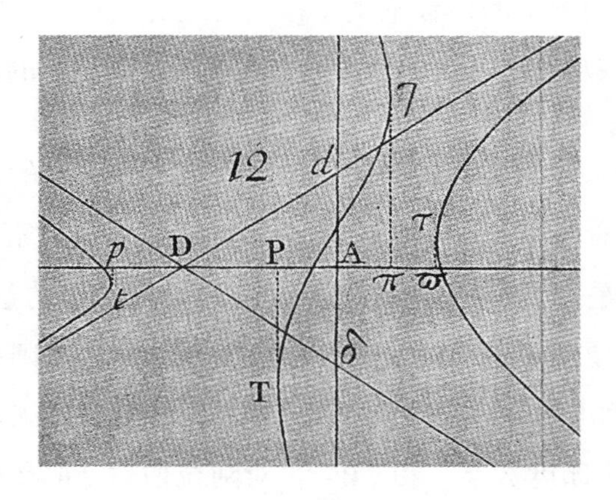


这是牛顿《光学》（1704 年）中的一页。“三次曲线列表”是《光学》中的一个短附录。在该附录中，牛顿列举了 72 种不同的三次方程，并画出了它们中的大部分曲线。在这里，牛顿首次使用了直角坐标系和负坐标。

# 代数与几何的联姻

从希腊时代起，数学就分为两大分支：几何学和代数学，一个研究几何图形，另一个研究数字。但是，这两个分支间并没有十分明确的界限。我们已经看到由于着眼点的不同，各个文明时期是如何偏重于其中某一分支的。下面我们将从解三次方程的故事看一下代数学的发展以及它与几何学的关系。三次方程的现代形式是：$ax^3+bx^2+cx+d=0$。

来自花剌子米的代数论文《移项与化简的科学》的题目中的术语"al-jabr（移项）"（第七章）是代数学（algebra）的由来。

花剌子米以文字形式描述了他的代数及解方程的过程。他用客观存在的事物命名了未知量的幂：x名为物体，$x^2$名为财富，$x^3$名为立方体。这些名字不是一成不变的。斐波那奇在1202年出版的《算经》（第十章）中，他除了使用了自己的命名外，还使用了一些从阿拉伯语翻译而来的名字。例如用根（radix）来命名平方根，用立方体来命名$x^3$。《算经》描述了"9个印度数字"和"0"，对阿拉伯数字的传播起到了重要的作用（第十章）。

在花剌子米写于9世纪前期的著作之中，他把二次方程分成六种类型，每种类型的系数和解都是正数（第七章）。解法是通过几何实例加以证明的，而且这一证法与巴比伦人的填补正方形的证明方法在本质上是一样的（第一章）。11 世纪欧玛尔·海亚姆发现了用几何方法解三次方程的方法，即三次方程的解可以通过两个圆锥曲线的交点求出。形如 $x^3+ax=c$ 的方程的解可以通过一个圆和一个抛物线的交点来求得（第七章）。与二次方程一样，这里三次方程的系数和解都必须是正数。欧玛尔·海亚姆没有找到三次方程的一般代数解，但是他使用希腊人的几何学解代数方程的方法是非常新颖的。用他自己的话来说，代数是被证明了的几何事实。同时他希望后来的数学家们能发现一般三次方程的纯代数解（遗憾的是，欧玛尔·海亚姆的《代数》似乎没有像其他阿拉伯教科书那样被翻译成拉丁文）。

DE POLYGRAPHIE. 176

Ordredes antiques lettres Numerales.

| | | | |
|---|---|---|---|
| DC | 60000000 | L | 500000000 |
| DCC | 70000000 | LX | 600000000 |
| DCCC | 80000000 | LXX | 700000000 |
| DCCCC | 90000000 | LXXX | 800000000 |
| X | 100000000 | LXXXX | 900000000 |
| XX | 200000000 | C | 1000000000 |
| XXX | 300000000 | C | 2000000000 |
| XXXX | 400000000 | | |

I'ay iuſques icy deduict, & deſcrit par forme d'exemple, le moyen & methode d'eſcrire en lettres Latines & communes, les nombres & la mode numerale des Anciens: à fin que d'iceux les ignorants en euſſent plus facile intelligence. Et quant à ce, qu'en la ſuſcrite deſcription & appoſition des figures d'algarithme, i'aurois en quelques endroicts laiſſé l'ordre & reigle de la vraye ſupputation & forme de cõpter, ce n'a eſté par erreur, ny auſſi par faulte ou omiſſion. Mais par bonne & raiſonnable cauſe i'ay aduiſé ainſi le faire: & meſmement à fin, que par trop grand progreſſion & prolixité ne donnaſſe ennuy à moy, ny aux lecteurs, qui en la figure ſubſequente, briefuement cy apres tranſcrite, verront autres moyens & ordres numeraux, par leſquels les anciens manifeſtoient leurs grands nombres.

16 世纪的教科书。该教科书的编者认为：有必要提醒读者注意罗马数字和阿拉伯数字之间的关系。实际上，至今在某种场合我们仍在使用罗马数字。

数学家们的确发现了三次方程的一般代数解，即通过有限的代数步骤求出方程的解，但这已经是四百年后的意大利文艺复兴时期的事了。三次方程的近似解则要更早一些。例如1225年斐波那奇发表了一篇关于三次方程的论文。该论文给出了一个特殊类型的三次方程的一般近似解。但遗憾的是，他没有给出求解方法。在有关解三次方程的传说中，我们有必要特别提一下意大利文艺复兴时期数学家们围绕着数学的有关问题彼此挑战的场面。在这一时期很少有新结果发表，原因是一个人不公开自己的发现可以增强他在资助人眼里的地位。科学家们之间的交流采取了挑战形式，即一方向另一方提出一系列的问题。赢得这样的挑战会进一步提高胜利者的声望。

三次方程的求解方法，实际上也是四次方程的求解方法，是吉罗拉莫·卡尔达诺[①]（Girolamo Cardano，1501—1576）在他的《大衍术》（1545年）中率先提出的。但是，这一解法不是卡尔达诺本人的发现。第一个真正的解法，是由波伦亚数学教授费罗[②](Scipione del Ferro，约1465—1526)给出的。他没有发表他的解法，而是传授给了他的学生玛丽亚·菲奥尔（Maria Fior）。菲奥尔把这一结果看成是他成名得利的依据，在解题挑战赛中向其他数学家挑战。然而，菲奥尔似乎是一位平庸的数学家，三次方程的求解方法似乎是他的唯一武器。另一位数学家尼可罗·丰坦那（Niccolo Fontana，约1500—1557）当时也在研究三次方程的解法。由于他幼年在布雷西亚受法军攻击时挨了一马刀，愈后语言功能受损，故被称为塔尔塔利亚，即意大利语的“口吃者”，并以此闻名于世。1535年，菲奥尔与塔尔塔利亚相互挑战，而在2月12日的夜晚，塔尔塔利亚声称他也解出了三次方程。结果塔尔塔利亚

①吉罗拉莫·卡尔达诺，又译卡尔丹，意大利医生、数学家、占星术士。对斑疹伤寒首次提出临床记载。所著《大衍术》是代数历史上的奠基石之一——编注。

②费罗，意大利数学家，据信是他发现了三次方程 $X^3+PX=q$ 的解——编注。

赢得了挑战赛的胜利：他解出了菲奥尔提出的所有问题，菲奥尔却没有答出对方所提出的任何问题。

那时，人们认为三次方程不是单一种类的方程式，而是与花剌子米的二次方程一样，按等号两侧的内容分成不同的类型。因此，似乎塔尔塔利亚不仅给出了菲奥尔提出的那一类型的三次方程的解，而且还解出了其他一些类型的三次方程。塔尔塔利亚胜利的消息传到了卡尔达诺的耳朵里，以把塔尔塔利亚推荐给一位投资者的推荐信为诱饵，卡尔达诺说服了塔尔塔利亚把三次方程的解法告诉他。然而，1539 年，他们在米兰会面时，塔尔塔利亚逼迫卡尔达诺起誓决不泄漏这一秘密。这一誓言是以隐诗的形式写出的，但是后来卡尔达诺发现费罗的养子持有费罗的原稿并获准阅读。卡尔达诺与他的仆人罗多维柯·费拉里[③]（Ludovico Ferrari，1522—1565）又在解一般三次方程和四次方程方面向前迈了一大步。卡尔达诺正确地评价了塔尔塔利亚的研究工作，但他认为，费罗先于塔尔塔利亚发现了三次方程的解法，所以他不必受誓言的约束。塔尔塔利亚被这一背信弃义的行为激怒。为了寻求报复，他在一本书中讲述了他自己的故事。在长时间的交锋中，费拉里始终站在他老师的一边。费拉里是一位才华出众的数学家。1548 年，塔尔塔利亚从威尼斯一个职位很低的算术教师突然升到了布雷西亚的讲师的职位。他向费拉里提出挑战，认为这样能给他带来更高的荣誉并且能够复仇。但是他过分低估了对手的实力。两人在比赛结束之前不欢而散。这对塔尔塔利亚产生了不利的影响，布雷西亚的权威们后来拒绝付给他薪水，他只好回到威尼斯教他的课。

③罗多维柯·费拉里，意大利数学家，第一个求出四次方程的代数解。1548 年 10 月与塔尔塔利亚在米兰举行了一次公开的数学竞赛，费拉里胜出——编注。

与塔尔塔利亚不同，卡尔达诺出身贫穷，并一直在寻找可靠的支持者。后来，卡尔达诺功成名就并且积累了一点财产。卡尔达诺是一位不同寻常的人物。他是数学家、物理学家、天文学家、赌徒和异教徒。他被物理学会拒之门外长达十五年之久。因为他涉嫌是私生子，而实际上只是因为他出言不逊，很难相处罢了。好赌使得他濒临破产，但是他确实建立了一所兴旺的私人医疗诊所，并从1543年到1552年在米兰和帕维亚讲授医学课程。他被介绍到苏格兰为圣安德鲁大主教治病。回来后，他在帕维亚大学任医学教授。大主教康复的消息使他的声名更加显赫。但是，他在科学上的巨大成功被极为混乱的家庭生活所破坏。他无法挽救他疼爱的长子的性命：他的长子因毒杀了贪婪的妻子而被判处死刑。他长子妻子的家族借机大肆敲诈卡尔达诺。卡尔达诺不得不离开帕维亚到波伦亚担任教授。其后，他的小儿子又偷了他的钱去付赌资。这一次，被激怒的卡尔达诺告发了自己的儿子，使其受到了惩罚。卡尔达诺在波伦亚没有多少朋友。1570年，他由于计算出了耶稣的诞生的星位，并赞美尼禄皇帝等异端行为而被捕。但是，令人惊奇的是，在罗马他却受到了欢迎，而且罗马教皇同意给他养老金。他的赌运时好时坏，这一嗜好导致他对概率论进行了早期的研究。他的自传，讲述了这位站在数学革命顶峰的人的传奇和令人惊叹不已的私人生活。

卡尔达诺的三次方程解法，本质上是几何学的“立方体填补法”。这类似于正方形的填补法。然而，该方法的说明，仍采用了花剌子米的风格，需要冗长的语言叙述，并且依赖于三次方程的分类，同时仍要求三次方程的系数为正数。通过变换，他把复杂的三次方程转化成了简单、可解的三次方程。这一工作使得卡尔达诺超越了费罗和塔尔塔利亚。卡尔达诺还注意到，在求解的过程中会产生负数的平方根，而对着这些复杂的数，他显示出科学家固有的慎重态度。虽然他认为这些解无意义，却没有忽视这些解。在一次研究中，他花费了很长的时间，来寻找现在称为共轭复数的乘法运算规则。他得到了正确的答案。他给出了三次方程有虚根的条件，但是没有进一步研究这一新型的数。在 1572 年，拉菲尔·邦贝利（Rafael Bombelli，1526—约 1572）出版了他的《代数学》。在书中，他把数的领域扩张到了平方根、立方根和复数，并在用代数解几何问题及用几何方法解代数问题方面迈出了一大步。但遗憾的是，由于他的主要研究没有被其编者发表，到了 20 世纪才得以出版。因此他对当时的数学没有产生太大的影响。

在欧洲，随着新阿拉伯数字体系的运用，代数得到了不断的发展。1494 年修道士帕乔利发表了《算术、几何、比与比例集成》一书。此书被认为是代数学的第一本著作。帕乔利的代数采用了修辞学和代数学的表达混用的方式（称为“节缩方式”）。方程式中的变量，通常用拉丁文的柯沙或德语的“coss”来表示。所谓的柯沙艺术，是在 16 世纪早期的德国，由于许多著作出版而得到快速发展，例如《柯沙论》。《柯沙论》是德国的计算能手亚当·里斯 (Adam Riese，1492—1559) 于 1524 年所写的。我们现在所用的代数符号，都是在这一时期出现的，如“+”、“-”来自德国，“=”来自英国。从修辞代数体系通过各种节缩符号体系到明晰的符号代数的转化，花费了几百年的时间。一个需要集中精力解决的问题是确定超过三的高次幂的含义。由于当时代数方法需要依赖于几何证明，而没有超过三维的实物空间，所以对四次幂或更高次幂赋予任何意义似乎都不合理。为了突出这一问题，人们使用了特别的术语。四次幂通常被称为“平方 - 平方”。16 世纪中叶，雷科德意识到有必要为高次幂的使用给出一个充分的解释。他指出这样的事实：一个边长是平方数的正方形的面积，实际上就是一个数的四次幂。因此产生了术语“平方 - 平方”。

笛卡儿（Rene Descartes，1596—1650）的《几何学》的发表，突破了纯几何的方法。这一重要的研究仅仅是《方法谈》一书的附录，而且在之后的《方法谈》的版本中这一部分经常被删去。《方法谈》的目的是建立一个通向正确认识物质世界和精神世界的关于科学的哲学。用数学语言来正确描述宇宙，需要数学语言本身建立在一个坚实的基础之上。尽管该附录的名字是《几何学》，但实际上，它论述的是代数与几何的结合——就是我们今天所说的“解析几何”。笛卡儿的研究证明了几何结构与代数运算的等价性，而且用方程描述了曲线。

Curvarum Formæ. Sectionis Conicæ. Curvarum Areæ.

Forma prima. Abſciſſa. Ordinata.

g. 5. 1. $\frac{dz^{n-1}}{e+fz^n}=y$. $z^n=x$. $\frac{d}{e+fx}=v$. $\frac{1}{n}s=t=\frac{2GDB}{n}$

2. $\frac{dz^{2n-1}}{e+fz^n}=y$. $z^n=x$. $\frac{d}{e+fx}=v$. $\frac{d}{nf}z^n-\frac{e}{nf}s=t$.

3. $\frac{dz^{3n-1}}{e+fz^n}=y$. $z^n=x$. $\frac{d}{e+fx}=v$. $\frac{d}{2nf}z^{2n}-\frac{de}{nff}z^n+\frac{ee}{nff}s=t$.

Forma ſecunda.

g. 6, 7. 1. $\frac{dz^{\frac{1}{2}n-1}}{e+fz^n}=y$. $\sqrt{\frac{d}{e+fz^n}}=x$. $\sqrt{\frac{d}{f}-\frac{e}{f}xx}=v$. $\frac{2xv+4s}{n}=t=\frac{4}{n}ADGa$.

2. $\frac{dz^{\frac{3}{2}n-1}}{e+fz^n}=y$. $\sqrt{\frac{d}{e+fz^n}}=x$. $\sqrt{\frac{d}{f}-\frac{e}{f}xx}=v$. $\frac{2d}{nf}z^{\frac{n}{2}}+\frac{4es-2exv}{nf}=t$.

3. $\frac{dz^{\frac{5}{2}n-1}}{e+fz^n}=y$. $\sqrt{\frac{d}{e+fz^n}}=x$. $\sqrt{\frac{d}{f}-\frac{e}{f}xx}=v$. $\frac{2d}{3nf}z^{\frac{3n}{2}}-\frac{2de}{nff}z^{\frac{n}{2}}+\frac{2eexv-4ees}{nff}=t$.

[200]

Forma

这是牛顿的“三次曲线列表”中的一页。牛顿的“三次曲线列表”不仅是代数几何的成功，也是解析几何学的成功。解析几何学阐述了利用计算来揭示曲线性质的方法。从此页可看到所研究曲线围成面积的代数表达式。

笛卡儿还打破了幂是几何对象这一传统的观点，而把幂看成是数。例如 $x^2$ 不再是一个图形的面积，而是一个数的二次幂。与 $x^2$ 相对应的几何结构是抛物线而不是正方形。这一思想把代数从同维性中解放了出来。同维性要求一个方程的每一项都有相同的维数。例如下面的表达式 xxx+aax=bbb 的每一项，都表示一个立方体。事实上，笛卡儿曾陶醉于探讨 $x^n$ 的曲线形式。把幂看成是一个数的这一观点是如此的坚定，以至于在数学中，我们不再把 $x^2$ 看成是实在的一个正方形。笛卡儿的

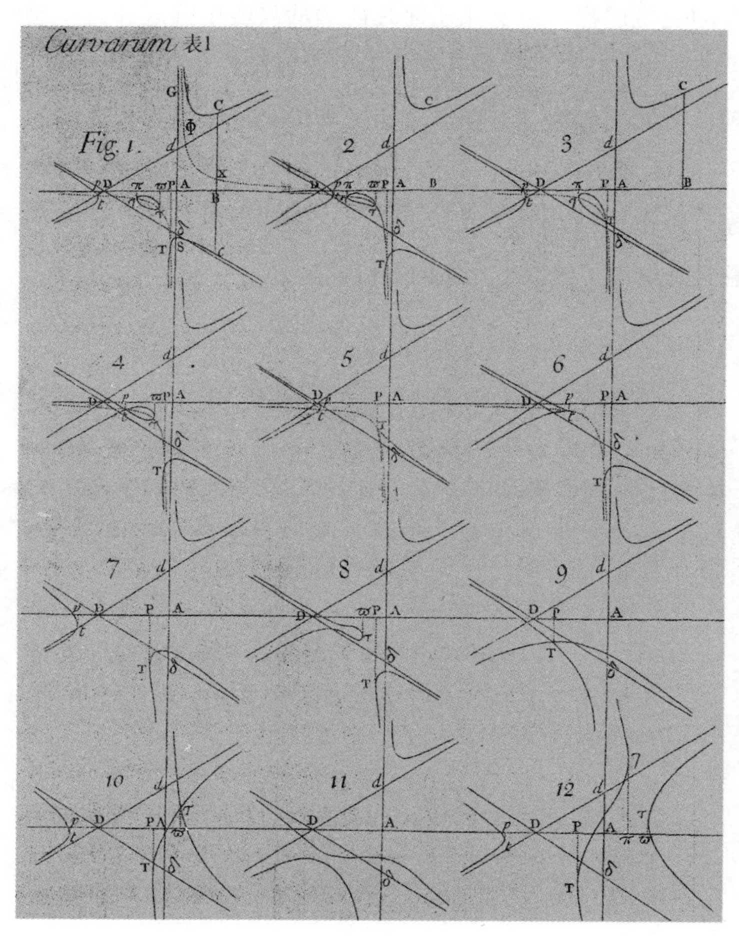


这是牛顿的“三次曲线列表”中的一页。“三次曲线列表”展示了代数与几何的结合已达到了相当近代的水平。曲线上的所有点由坐标（x，y）表示，它们满足特定的方程。

代数学描述与今天的描述很相似。使用a、b、c这样的字母表示常量，用x、y等字母表示变量。其中唯一的一个看起来古怪的符号是用“∞”表示等号。

现在，三次方程的解可以通过横截圆锥曲线的方法得到，这类似于欧玛尔·海亚姆的方法。笛卡儿详尽地描述了代数运算到几何的变换，使得卡尔达诺的公式不再被解释为“填补立方体”，而变成了一个三次曲线的变换过程。笛卡儿还使几何学从只能用圆规和直尺绘图这一限制中解放出来。许多代数几何方面的内容没有在笛卡儿的《几何学》中出现，例如坐标轴、点和点之间距离的公式、线和线之间的夹角公式等等。从《方法谈》这一题目可以推测，笛卡儿是在尝试为将来的数学家们提供一种新方法或新语言，以叙述数学问题。该书的另一个重要意义是给出了代数与几何的等价性。

如果我们要解决一个问题，我们首先假定解已经得到了，并且为解的结构中需要的每个量命名——不论是未知量还是已知量。平等对待未知量和已知量。然后，我们必须想方设法建立量和量之间的自然关系，直到我们发现用两种表达式表示同一个量。因为这两个表达式表示同一个量，所以可以建立一个等式。

笛卡儿，《几何学》，1637年

# 第十二章 循规蹈矩的宇宙

*The Clockwork Universe*

这是卡迈利·佛拉马瑞昂所做的题为《冲出大气圈》(巴黎，1888年)的木刻。这一带有16世纪早期风格的木刻，描绘了冲破中世纪的世界去看推动宇宙的机器。

# 循规蹈矩的宇宙

直到16世纪，托勒密的《大综合论》（第二章）仍是关于行星轨道的主要文献。托勒密的宇宙体系，以各种形式流传了近两千年。这可能是由于在观测时所使用的三角函数表以及观测数据，都没能达到足以发现这一体系致命缺陷的精确程度。亚里士多德的在完全圆形的轨道上运行的玻璃球体，被许多天使——旋转着的天上的天体“精灵”所取代。对托勒密来说，数学是用来“补充说明这一现象”，而不是解释这一现象。他成功地将亚里士多德哲学的要求和可观测的事实结合起来。即将发生的革命将改变宇宙和地球。数学在这场革命中起到了至关重要的作用：精确的数学模型将告诉我们这个世界的奥秘。

托勒密的体系中存在着一个明显的问题：当行星沿着它的椭圆轨道运行时，它与地球之间的距离变化很大，因此我们看到的行星的大小会产生变化。这种变化对于月亮来说尤为显著。可能正是由于这一事实促使哥白尼（Nicolas Copernicus，1473—1543）提出了日心说的理论。哥白尼早年就读于克拉科大学，并在位于波罗的海海岸的一个小城镇弗龙堡教堂担任司铎之前，在意大利学习。实际上，哥白尼的体系与托勒密的体系差别并不是很大，同样也把行星的轨道画成圆或椭圆。然而，最初他把太阳作为中心，减少了行星模型中所需的圆的数量。但是随着他对模型的改进，他的体系反而比托勒密体系需要更多的椭圆。哥白尼的体系还正确地预测了以太阳为中心的行星排列顺序，并使我们能估算每个行星到太阳的相对距离。哥白尼把行星的反向运

塞拉柳斯于 1660 年所作《星象图集》中的一幅画。画中描绘了哥白尼的行星体系，还包括了由伽利略发现的木星的卫星，这是哥白尼不知道的。

行解释成对应于运动着的地球的相对运动，而不是相对于静止的地球沿椭圆轨道的运行。可是，哥白尼的伟大著作《天体运行论》到了他去世的1543年才得以发表，这对哥白尼来说是件遗憾的事情。

哥白尼带来了一场革命。但是在这场革命中，哥白尼似乎扮演着一个不情愿的角色。《天体运行论》的思想出现于写于1510年私下传播的一部手稿。他的目的似乎不是想推翻托勒密的体系，而是试图使它更加完善、更加希腊化。哥白尼婉转地解释道：托勒密的模型需要行星沿椭圆轨道以变速运行，而哥白尼则要求它严格地遵守亚里士多德的行星沿完全的圆形轨道以常速运行。正是这些要求，使哥白尼做了一些设想，这些设想在近五百年后看依然很先进。这些设想是：太阳是宇宙的中心；地球绕太阳运行的同时，还绕着它自身的轴自转。然而，这一日心说的模型并不比托勒密的体系简单多少。对于1个天

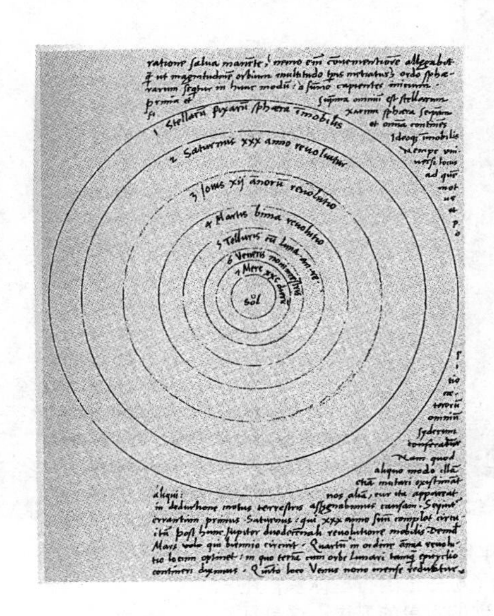


哥白尼的《天体运行论》（1543年）中的一页，展示了以太阳为中心，行星按正确顺序排列的图形。图的外面是众多的恒星。这里没有哥白尼的“补充说明现象”的椭圆。

球和7个天体，这一体系需要34个椭圆，而托勒密的体系需要40个椭圆。他的这部手稿只是这一学说的概略。哥白尼许诺以后要完善这一学说。尽管教会权威和梵蒂冈都支持他，但他似乎越来越不愿意发表自己的文章。

1514年，哥白尼被邀请参加拉特兰教堂理事会进行历法改革，但他拒绝了这一邀请。原因是只要行星的运行模型没有彻底建立起来，就不能更好地进行历法改革。归根结底，哥白尼对他自己所构造的这一体系并不是很有信心。因为他没有真正地证明它比托勒密的体系更好或更精确。他依赖于古代的天文表，而且似乎他自己并没有进行过多少观测。只有在他的支持者雷蒂库斯的热心和努力下，他的《天体运行论》才得以在纽伦堡发表。当时纽伦堡是一个路德教会控制的城市。然而，在该书出版前夕，雷蒂库斯①从维滕贝格大学搬到莱比锡城，该书的印刷委托给了安德鲁斯·奥西安德尔②。奥西安德尔是路德主义创始人之一。正是在这一时期，该书的著名前言被插了进去。这一前言可能就是奥西安德尔自己写的。前言实质上是告诫读者：哥白尼的体系可能是正确的，也可能是一个不重要的结果，只是对不同的体系做了比较从而判定哪个更容易计算；而真正的天体运行则需要其他的神学和哲学的标准来决定。几乎可以说哥白尼本人就有这样的疑问。但是，这一前言可能是为了安抚马丁·路德而插进去的。马丁·路德坚决反对哥白尼的观点，而梵蒂冈却支持哥白尼的推测，直到该书发表八十年后的反改革运动为止，该书并没有被列入梵蒂冈的异端作品中。

哥白尼在手稿中做出了《天体运行论》中没有提到的大胆的断言。

①雷蒂库斯，1514—1576年，奥地利天文学家和数学家，哥白尼的朋友和最早接受并传播其日心说的学者之一，著有《哥白尼崭新著作初释》《三角形综论》等——编注。

②安德鲁斯·奥西安德尔，1498—1552年，德意志基督教神学家。曾与他人合作在纽伦堡严格按照路德的教义推行宗教改革——编注。

在最终版本，哥白尼体系甚至比托勒密体系中的椭圆个数还要多。行星不再围绕太阳运转，而是围绕着离开太阳的某个点运转（无意中，他在某种意义上预测了行星轨道的真正本性。在这些轨道中，行星沿椭圆轨道运行，太阳位于椭圆轨道的一个焦点上而不是中心）。这一本性支持的一个结论是，行星的逆向运动（逆行），是行星和地球相对运动所引起的。令人惊奇的是，这本书是不成功的。当时地球运动和天体运动是完全不同的现象。然而哥白尼确信地球是运动着的，他的悲剧是没有办法说服自己。1551 年哥白尼天文表的出版，使哥白尼的名字留在了人们的记忆中，而《天体运行论》却销声匿迹。

沉默寡言的哥白尼点燃了一条缓慢燃烧的导火索，而最终引发了一场大爆炸。开普勒（Johannes Kepler，1571—1630），一个哥白尼学说支持者，被哥白尼《天体运行论》的匿名前言所激怒。这一前言使得一些不留心的读者误认为是哥白尼自己写的。但是开普勒大胆反抗

> 我的目的是证明天体这一机器不是一种神圣的具有生命力的机器，而是一种具有机械结构的机器。几乎所有的运动都是由一种简单的磁的自然力量所引起的。正如时钟的运动是由单个钟锤引起的一样。我还要给出引起这些物理现象的算术表达和几何表达。
>
> 开普勒，1605 年 2 月 10 日给赫瓦特的信。

希腊天文学的专制。他的童年很不幸，而且体弱多病，但他智力超群。新创建的新教会支付他所需的教育经费。他本人想成为一个牧师。而蒂宾根大学的主管人员很有洞察力，推荐他到格拉茨的一所学校担任数学教师。这是他在科学认识上的一个突飞猛进的时期。在他的一生中，这一时期使他对占星术的观点发生了变化。他不怀疑行星对人的精神会产生一些影响，但他不能确切地阐明产生怎样的影响。他的许多著作在他死后为一位科学家的思想发展奠定了基础。

1595 年，当开普勒在学校教书时，他就产生了关于宇宙和谐的思想。他在黑板上画出了一个带有内切圆和外接圆的等边三角形。这一图形使他猛然悟到这两个圆的半径比等于后来人们发现的土星和木星的轨道的半径比。这一灵感促使他建立了著名的嵌套柏拉图立体模型。从欧几里得的时代起，人们就知道存在 5 个立体，而现在已知有 6 个行星（包括地球，不包括太阳和月亮）。对于每个立体都可以画出一

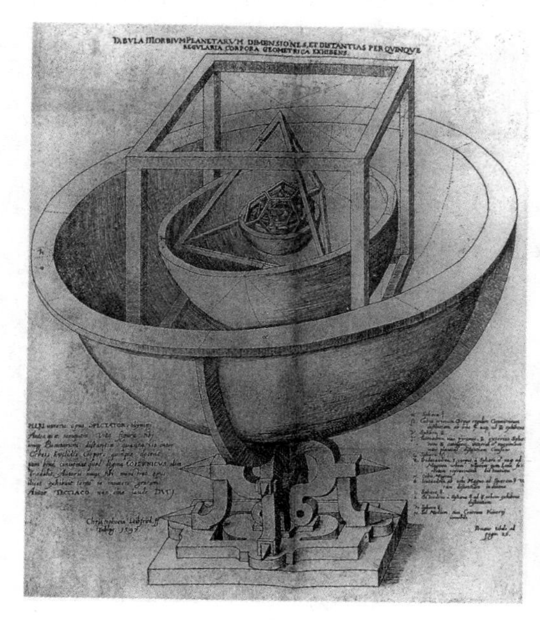


开普勒的《宇宙奥秘》（1596 年）中的嵌套柏拉图立体模型。开普勒使用这一模型首次尝试解释行星间的相对距离。最外面的球面表示土星的轨道。球面的里面是一个立方体，立方体的内切球面给出了木星的轨道，而最里面的球面则是水星的轨道。

个外接球和内切球。如果开普勒能够正确地排列这些立体，他就可以把它们像俄罗斯玩偶那样一个一个套起来，而这些球面就对应于行星的轨道。这一想法以及由于这一想法所导致的数学的精确性与天体和谐完美结合，令他异常兴奋。他于 1596 年，也就是他 25 岁的时候，出版了《宇宙奥秘》一书。在这一书的导言里，他公开支持日心说，因而使哥白尼死后声名大振。虽然有人劝告开普勒不要花费太多的篇幅来宣扬他的思想，从而避免哥白尼主义与《圣经》的冲突。但是开普勒在他的文章中阐明了日心说是绝对正确的。尽管开普勒认为这些立体在某种意义上并不存在，但是这一基本结构就标明他本人是一位"伟大建筑师"。对这一课题进行了进一步的超自然的探讨与推测后，《宇宙奥秘》一书突然改变了它的方向，开始讨论现代数学物理学。书中详细记载了开普勒所做的计算和推论。例如土星离太阳的距离是木星的两倍，而土星绕太阳一周所需时间是木星的两倍半，因此，土星不仅远离太阳而且它运行得更慢。开普勒寻找了这事实的物理解释，以驳回离太阳越远的天使越显得疲劳的观点。在书中，我们首次看到关于太阳引力随着距离增大而减弱的讨论。太阳引力来自上帝本身，以上帝向全宇宙发出的圣灵的形式出现。已经被人们逐放到天外的上帝现在又回到了太阳系的心脏。这本书的最后又回到占星术的内容上。开普勒描绘了创世纪星相图。这一天是公元前4977年4月27日，星期日。这是一个有缺陷的名著：嵌套的立体理论是错误的，而且开普勒的重力说也不正确。开普勒意识到了这一点，但是他确信自己已经接近真理，并着手进行实验。

开普勒所需要的是一个精确的天体观测表，而有一个人拥有这样的表。这个人就是第谷。根据收到的开普勒的书，第谷就非常赏识这个年轻人的天赋。三年后，开普勒到了布拉格，成了第谷的助手。两人没有很大的差别。第谷在一次决斗中失去了鼻子，因此安装了一个著名的金鼻子。第谷是一个春风得意的人，他决心创建一门关于太空的科学；而开普勒迷恋于神秘的物理学。第谷拥有当时最好的天文台，并拥有开普勒所需要的数据。然而，第谷有他自己的行星理论。他不仅拒绝发表他的理论，而且还把这一理论的大部分隐瞒了起来，不告诉他的同事和助手。第谷在年轻时由于预测了一次日食而受到人们的尊敬。1600 年，两个人终于见面。开普勒受命研究火星的数据。众所周知，火星有一条最复杂的轨道。两人之间的关系一直很紧张，但第

恩德于1855年所作的《第谷和鲁道夫二世》。画中第谷在演示星象仪的使用。17世纪初叶，第谷的汶岛天文台拥有当时最精确的观测数据。开普勒把数据转换成了椭圆轨道理论。

谷在临死之前意识到，他必须把自己的成果留给年轻的开普勒，以使开普勒能够设计出一个新宇宙。他们两人彼此需要对方。18 个月后，第谷去世，而开普勒创建鲁道夫二世统治下的新一代神圣罗马帝国的数学。

现在开普勒掌握了这些观测数据，但是把这些数据转换成轨道花费了他很多时间。1609 年开普勒出版了他的巨著《新天文学》。与他早期的著作一样，这不是一本教科书式的著作，而是一部记录每一项进展和创造性才能发展的日记式的文献。读者可以从书中听到，当开普勒与火星战斗时，他高兴时所发出的呐喊和失望时的叹息。火星轨道的难点在于火星的椭圆轨道长短轴的比最大，因此火星最偏离圆形轨道。然而这一轨道为建立其他行星轨道提供了重要线索。开普勒不像前人那样将本轮叠加，他的工作不是“保存”现象，而是寻找行星运动的规律，并用几何学描述这些规律。《新天文学》的成功之处是：建立了行星的椭圆轨道，太阳位于这一椭圆的两个焦点之一。这是开普勒第一定律（椭圆焦点这一单词是开普勒首先使用的）。古代天文学家心目中舞动行星的脚尖旋转现在变成了优美的椭圆。开普勒又给出了开普勒第二定律：在相同的时间内，行星与太阳的连线所扫过的面积相等。开普勒还奋不顾身地几乎完成磁极相互吸引的引力模型理论。把潮汐的形成归因于月亮的引力，而且认识到正是由于同样的引力作用，海水不能脱离地球飘洒到空中。开普勒虽然意识到光的强度满足反平方律，但是他没有导出“反平方律”。反平方律要等到牛顿来揭示。开普勒虽然发现了行星的真实轨道，但是他担忧这些运动背后的原动力。他未能揭示为什么这些轨道确实是椭圆形的。但是，现在，看不见的天使和冷冰冰的推动者上帝被赶出了天文学。这里是几何学和力的天下。

1618 年，开普勒以《宇宙的和谐》的出版为契机，又回到了他本来的研究主题。该书融合了数学物理学和神学。这是毕达哥拉斯的最终梦想。在这本书里，我们可以看到关于行星运动的第三定律：行星公转周期的平方，与它和太阳的平均距离的立方成正比。开普勒的三大定律蕴含着引力定律，但他没有明确地指出这一定律。开普勒的《哥白尼天文学概要》（1618—1621 年）全面地展示了开普勒的天文学，不仅包括火星而且还包括所有已知的行星的有关论述。此书是继托勒密的《大综合论》之后最重要的天文学著作。开普勒超越仍在信仰托勒密学说的同时代人至少一个时代。甚至伽利略的《关于两种世界体系的对话》中仍含有圆和本轮。

尽管开普勒和伽利略是同一时代的人，但是他们似乎从没有见过面。1597 年开普勒把他的《宇宙奥秘》寄给了伽利略，那时伽利略对于公开支持哥白尼的观点表示不安。伽利略对开普勒的态度，说好听的是不友好；说不好听的是充满了恶意。他假装对开普勒友好，但同时他拒绝送给开普勒一副望远镜和自己的著作。他宁愿讨好那些资助人也不愿意讨好他的科学同人。1609 年，伽利略使用新研制的天文望远镜进行了天文观测，并将其中的一个结果提交给威尼斯的评议会，这一结果使他的工薪加倍，并成为帕多瓦终身教授。在一年内，伽利略提高了他的天文望远镜的倍数，并发表了他的《来自星空的信息》。伽利略的观测，揭示了月亮的表面不是光滑的；月亮上有山脉；金星与月亮有同样的运行规律，而木星有它自己的卫星系。他甚至想到土星是一个三体行星，因为通过他的粗糙的天文望远镜观测到土星环，看起来像两个位于土星侧面鼓起的圆盘一样。伽利略成为了数学教授。在罗马，他荣幸地入选世界上第一个科学组织林塞科学院，并受到了耶稣教会的款待。他成为了媒体的明星，同时，由于他宁愿用本国的语言而不是用拉丁语写作他的著作，他的著作在意大利广为人知。

安东尼卡隆（1152—1599），《观测日食的天文学家们》。画中描绘的可能是发生于1559年的日食。这次日食给年轻的第谷以深刻的印象。

由于哥白尼的体系与《圣经》中已有的体系相抵触，教会对事态的发展也非常关心。但是天主教耶稣会已经准备好，一旦日心说被明确证实，就接受这一事实。这并不是第一次由于科学而改变了教义，地球的球体本性就是一个改变教义的例子。天主教耶稣会证实了伽利略的所有观测，并且依然支持开普勒的研究。有许多关于随后所发生悲剧的书籍，所以在这里我只简单地加以描述。教会承认开普勒提出的体系和“保存现象”比托勒密的体系更精确，但是没有好的理由相信这一不同寻常的行星体系的真实性。为了推翻持续了几个世纪的观点，并使大众接受新的宇宙观，需要更有力的证明。许多有权势的亚里士多德神秘主义者极力反对这场变革，而伽利略却不明智地用激烈的语言来讽刺这些人。虽然伽利略曾得到了财富和声望，但是，由于他的傲慢和自我吹捧，当他失去支持者时，他在科学界的朋友也寥寥无几。在 1616 年，伽利略曾发誓在任何情况下绝不讨论哥白尼体系。但是到了 1632 年，他却公开违反了这一誓言，发表了《关于两大世界体系的对话》一书。这本书实质上是哥白尼学说的宣言，并且显露出对当时的最有权势的神学家们的攻击。梵蒂冈失去耐性，伽利略立刻被传唤到了罗马，次年他放弃了这一观点，并被软禁了起来。在此之后，他继续过着相当舒适的生活，接待过不少的来访者。但是他被禁止发表文章和教书。当时的报道说他是一个病人。他错误地判断了他的影响力和当时的局势。当时是反改革和异端围剿的时代，欧洲的教会是无情的。开普勒花了几年的时间保护他的母亲不受巫术的指控，并在“三十年战争”开始时离开了布拉格到了奥地利。哥白尼和开普勒都得以比较自由地进行研究工作。只要他们不向宗教权威挑战，他们就可以随心所欲地著书立说。在对异端围剿期间，天主教耶稣会占主导地位时，罗马执行管理委员会试图放宽科学自由。关于宇宙的分层模型，罗马教皇和梵蒂冈具有至高无上的权力。这一权力不仅受到宗教改革运动的威胁，而且还受到新物理学的威胁。对于哥白尼体系的镇压不是由于无知，而是为了教会自身的利益。这一点可以由以下事实看出：伽利略受审后，天主教耶稣会把哥白尼的体系传给了中国和日本这样遥远国家的人们，并给这些人以这一体系具有预言能力的印象。

伽利略在晚年仍然致力于写他的《关于两门新科学的探讨与数学证明》。该书被偷运出意大利，并在莱顿印刷。在这本书中，他又重新讨论了力学这一课题。这一课题是他初期的动机。他还分析了加速度。他的充满乐趣的对钟摆的分析是：钟摆的摆动周期与振幅及摆锤的重量无关，只依赖于摆长，即与摆长的平方根的倒数成正比。物体在不同斜面的滚动和自由落体的实验，使他得到了两个重大发现：物体的

这部巨著是关于哲学的著作。这里，我指的就是展现在我们面前的宇宙。但是，如果没有第一个人像本书所做的那样去理解宇宙的内部性质以及去描述宇宙的特征，那么，我们就不能够理解宇宙。本书使用了数学的语言并用三角、圆和其他几何图形来描述宇宙的几何特征。只有这样，人类才能够理解宇宙。否则人们就像步入了一个黑暗的迷宫一样，左右徘徊。

伽利略，《分析家》，1623年

速度与物体的运动时间成正比，而运动距离与运行的时间的平方成正比。当时人们相信，重的物体比轻的物体下落的速度快。但是伽利略证明了这是错误的。伽利略认为，只要忽略空气的阻力，轻重不同的两个物体将以相同的速度下落。实际上，一个铁球将比羽毛下落的快，但是，这不是重量不同的结果，而是由于空气的阻力不同造成的。一个轻如羽毛的小球会与大铁球以同样的速度下落。伽利略把重力和浮力区分开来，以此为契机，研究分析了物体的飞行状况。他把飞行物体所受的力分解成垂直和水平两个方向的力，从而发现了飞行的轨迹是一条抛物线。这一研究进一步扩展为军事方面的弹道学。

以上有关《圣经》的权威性已说了很多。下面我简单论述圣徒们对自然界的看法。那就是从神学的角度看，《圣经》的力量是至高无上的；而从哲学的角度看，推理的威力是至高无上的。因此，有一些圣徒否认地球是球形的；另外一些圣徒承认地球是球形的，但否认地球两极的存在。今天的宗教法庭是神圣的，它承认地球是球形的，是微小的。但是，它否认地球是运动着的。然而，对我来说，比所有这些都神圣的是真理。尊敬教会学者们的我从哲学的角度上证明了地球是球形的，并且以两极为轴自转，它是一个最渺小的星体，是星空中敏捷的流浪者。

开普勒，《新天文学》，绪论，1609年

在伽利略去世那一年诞生的牛顿，把这些分散的因素整合到一起，形成了一个完整的理论。为了理解牛顿对科学的贡献，我们需要了解当时的混乱状况。当时仍存在着两种不同的力学：天体力学和地球力学。对开普勒来说，行星沿椭圆轨道运行，依赖于由太阳发出的神秘的磁力，行星的惯性使得当它们与太阳的距离增加时，运行速度减小；对伽利略来说，行星沿着圆形轨道运行，这一运行是固有的和完美的，而行星的惯性使行星保持着它们的运行。反复研究了开普勒的模型后，笛卡儿宣布：惯性使行星沿直线运动，而由于太阳系的涡动使得行星的轨道变得弯曲。种种说法令人越发困惑不解。伽利略关于加速度和地球力学的开创性工作，似乎对天体力学无能为力。质量、重量、惯性、动量、能量、磁力、重力等关键概念，在不同的理论下有着不同的定义。

1687 年，在哈雷的鼓励和经济资助下，牛顿发表了《自然哲学的数学原理》（简称为《原理》）。直到 1720 年，该书经过两次改版

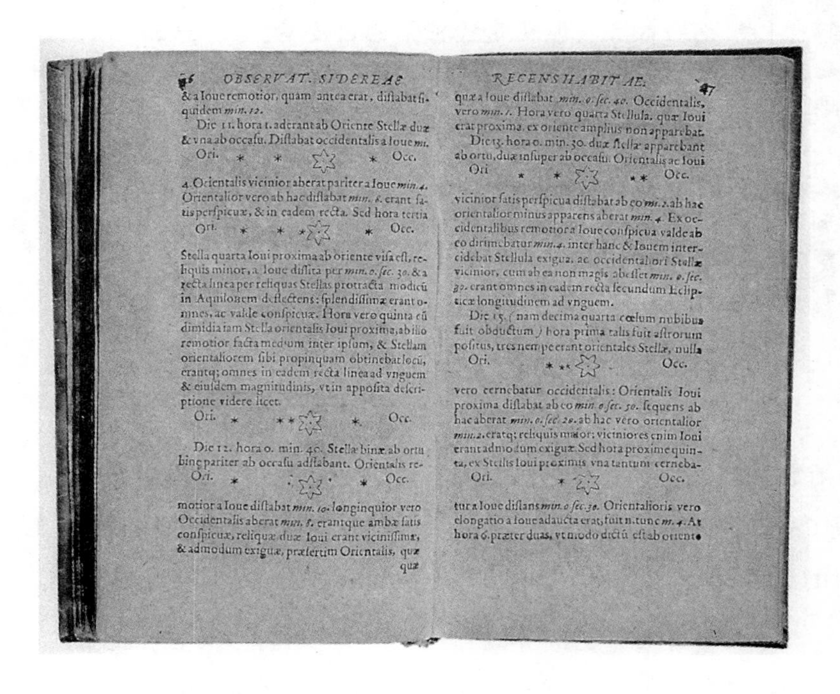

46 OBSERVAT. SIDEREAE

& a Ioue remotior, quam antea erat, diſtabat ſiquidem *min. 12.*

Die 11. hora 1. aderant ab Oriente Stellæ duæ & vna ab occaſu. Diſtabat occidentalis a Ioue *mi.*

Ori. * * * Occ.

4. Orientalis vicinior aberat pariter a Ioue *min. 4.* Orientalior vero ab hac diſtabat *min. 8.* erant ſatis perſpicuæ, & in eadem recta. Sed hora tertia

Ori. * * * * Occ.

Stella quarta Ioui proxima ab oriente viſa eſt, reliquis minor, a Ioue diſſita per *min. 0. ſec. 30.* & a recta linea per reliquas Stellas protracta modicũ in Aquilonem deflectens: ſplendiſſimæ erant omnes, ac valde conſpicuæ. Hora vero quinta cũ dimidia iam Stella orientalis Ioui proxima, ab illo remotior facta medium inter ipſum, & Stellam orientaliorem ſibi propinquam obtinebat locũ, erantq; omnes in eadem recta linea ad vnguem & eiuſdem magnitudinis, vt in appoſita deſcriptione videre licet.

Ori. * * * * Occ.

Die 12. hora 0. min. 40. Stellæ binæ ab ortu binę pariter ab occaſu adſtabant. Orientalis re-

Ori. * · · * Occ.

motior a Ioue diſtabat *min. 10.* longinquior vero Occidentalis aberat *min. 8.* erantque ambæ ſatis conſpicuæ, reliquæ duæ Ioui erant viciniſſimæ, & admodum exiguæ, præſertim Orientalis, quæ

quæ

RECENS HABITAE. 47

quæ a Ioue diſtabat *min. 0. ſec. 40.* Occidentalis, vero *min. 1.* Hora vero quarta Stellula, quæ Ioui erat proxima, ex oriente amplius non apparebat.

Die 13. hora 0. min. 30. duæ ſtellæ apparebant ab ortu, duæ inſuper ab occaſu. Orientalis ac Ioui

Ori * * * * Occ.

vicinior ſatis perſpicua diſtabat ab eo *mi. 2.* ab hac orientalior minus apparens aberat *min. 4.* Ex occidentalibus remotior a Ioue conſpicua valde ab eo dirimebatur *min. 4.* inter hanc & Iouem intercidebat Stellula exigua, ac occidentaliori Stellæ vicinior, cum ab ea non magis abeſſet *min. 0. ſec. 30.* erant omnes in eadem recta ſecundum Eclipticæ longitudinem ad vnguem.

Die 15. (nam decima quarta cœlum nubibus fuit obductum) hora prima talis fuit aſtrorum poſitus, tres nempe erant orientales Stellæ, nulla

Ori. * * * Occ.

vero cernebatur occidentalis: Orientalis Ioui proxima diſtabat ab eo *min. 0. ſec. 30.* ſequens ab hac aberat *min. 0. ſec. 20.* ab hac vero orientalior *min. 2.* eratq; reliquis maior; viciniores enim Ioui erant admodum exiguæ. Sed hora proxime quinta, ex Stellis Ioui proximus vna tantum cerneba-

Ori. * Occ.

tur a Ioue diſtans *min. 0. ſec. 30.* Orientalioris vero elongatio a Ioue adaucta erat; fuit n. tunc *m. 4.* At hora 6. præter duas, vt modo dictũ eſt ab oriente

伽利略在《星讯》（1610 年）中对木星的卫星的描述。

后才得到了科学界的认可。按照本章的目的，我在这里只讲解该书中的力学部分，而其中的微积分部分，将在下一章中谈到。此书中包括了著名的牛顿三大运动定律。按照传统顺序，牛顿第一定律是：每个物体都保持原来的状态或沿直线做匀速运动，直到外力迫使它改变这一状态为止。因此，这一定律支持了笛卡儿的观点，并承认了关于力的静态平衡和动态平衡。牛顿第二定律是：运动的变化与施加的外力成正比，并且变化的方向与外力的方向一致。现在这一定律被表示为F=ma。牛顿第三定律是：两个物体的相互作用力大小相等，方向相反。牛顿讨论了各种类型的力的场，包括重力的反平方律。他巧妙地将开普勒和伽利略的力等同了起来。《原理》一书的第三卷以“世界的体系”为题，是关键的一卷。在该卷中，牛顿把作用于下落物体的地心引力与作用于轨道上的行星的力等同起来。这样，天体力学和地球力学成了同一门科学，它们遵守同样的法则。把所有物质联结在一起的看不见的胶水，还是神秘的引力。

牛顿因发明了微积分或作为发明者之一而出名。但是《原理》一书中的所有证明，都是用几何的方式给出的。虽然如此，证明中的图表经常表示力和运动的无穷小变化，这表明该运动应被看成是圆滑的，而不应该被看成是一系列突然的不连续的变化。在牛顿的宇宙论中，仍存在着一些悬而未解的问题。在这里，为什么所有行星都沿相同方向运转，没有明确的解释，也不知道它们为什么都沿着那些精确的轨道运行，而不是沿着其他轨道运行。牛顿本人也对为什么这一强大的力不通过任何媒介就能作用于很远的物体上这一事实感到困惑。他不相信力会在真空中传播，而认为这中间存在着物质“以太”。虽然以太本身是不是物质这个问题还没有解决，但是牛顿认为力是通过以太传播的。天使推动行星运动的观点被宇宙的灵魂所取代。如果引力是普遍存在的，那么所有的物质将逐渐互相吸引，整个宇宙将崩溃。即使是牛顿，也把神作为抵御世界末日的保护者。如果引力的数学模型与观测的事实稍有不符的话，整个引力理论将被摒弃。由于引力理论更出色，最终笛卡儿的涡动体系被摒弃。数学不仅仅是"补充说明这一现象"。新的力学伴随着新的数学分支微积分而来。我们下面将探讨微积分发明背后的故事。

我，伽利略，已故文森佐·伽利略的儿子，佛罗伦萨人，现年70岁。由于传播异教的重力学说，我使基督教的利益受到伤害而被传讯到这一法庭。跪在最杰出、最尊敬的天主教法官大人面前，我面对着福音书并将手放在它的上面，我发誓我过去、现在、永远相信教会的信仰、教义及教诲。但是鉴于宗教法庭对我做出的判决，我必须完全放弃太阳是世界的中心、是不动的，而地球不是世界中心且是运动的这一错误的观点。而且我不能以任何形式，在任何地方宣扬上述的错误学说。法庭还警告我上述学说与《圣经》相抵触——我写了一本书，在那本书中我讨论了已遭到谴责的新学说。书中虽然没有给出最终结论，但是引证了支持这一学说的令人信服的论据。法庭已对我做出了宣判：我有强烈的异教嫌疑。就是说，我有相信太阳是世界的中心、是不动的，地球不是世界的中心且是运动的嫌疑。

因此，我希望消除尊敬而杰出的大人们及所有忠实的基督徒对我的怀疑。我虔诚地发誓：公开放弃、诅咒并憎恨上述错误的异教邪说。

伽利略于1633年放弃日心说理论的公开声明。

# 第十三章 运动中的数学

*Mathematics In Motion*

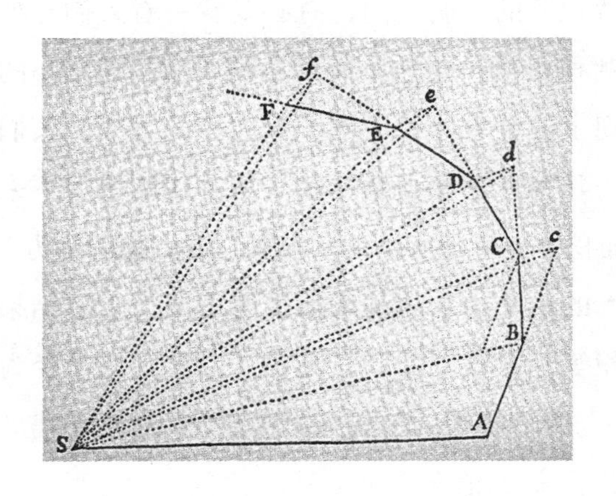


牛顿的《自然哲学的数学原理》卷 1，命题 1，定理 1。

# 运动中的数学

17 世纪，牛顿和开普勒利用几何手段建立了行星的轨道模型。然而椭圆本身在空间并不真实存在。它们只是由行星描绘出的看不见的轨道。与用几何法画出的行星的轨道相比，寻找一种能够描绘运动着的行星的数学工具是非常有益的。但是从一系列的直线运动向真正光滑曲线过渡的尝试中，人们再一次遇到了无穷及无穷小的问题。

在考察微积分的发明之前，有必要看一看人们是如何尝试处理一般的面积问题和切线问题的。最早发明“前微积分”的是阿基米德。阿基米德发现了两种求曲线所围图形面积的方法。人们通常把这两种方法分别称为几何方法和力学方法。从古代就遗留下来的著名问题之一是求圆的面积，也就是所谓的“求积”或“化圆为方”。在一篇《关于圆的测量》的论文中，阿基米德证明了两个重要结果：第一个是，一个圆的面积等于以该圆的周长为底，以该圆的半径为高的直角三角形的面积。这与我们现在的公式 $\pi r^2$ 等价，但这里不需要知道 $\pi$ 的值；第二个是给出了 $\pi$ 的值在 $3^1/_7$ ~ $3^{10}/_{71}$ 之间。以上两个证明都使用了圆的内接正多边形及圆的外切正多边形这样的几何方法。通过反复增加两个正多边形的边数，这两个正多边形可以任意接近圆周。不仅如此，这两个正多边形越来越接近，中间夹着该圆。因此，如果无限地继续上述步骤，正多边形的面积就将趋向于圆的面积。阿基米德是从内接和外切六边形开始着手求 π 的值的。当边数达到 96 时，他停止了计算。如果将上述过程继续下去，他会得到任意精度的 π 的值。这一过程的正确性的证明使用了欧多克索斯（第四章）的穷竭法。但是阿基米德回避了证明这些正多边形以某种方式趋向于圆，而是通过冗长的逻辑论证来证明上述过程的正确性的。阿基米德回避正多边形趋向于圆这一事实是可以理解的，因为对希腊人来说正多边形和圆是完全不同的对象。从多边形到圆存在着飞跃。

阿基米德的机械方法在他的《方法谈》中得以验证。《方法谈》原本是阿基米德寄给埃拉托塞尼的一封长信，而且被认为已经丢失，但 1906 年在君士坦丁堡它被重新发现。而这重现的《方法谈》是原稿的重写本：一卷 10 世纪的羊皮纸上记载着阿基米德的一些研究成果。后来这卷羊皮纸被清洗，用于写祷告文。但是由于洗得并不彻底，原来的数学原文仍然可以辨认出来（1998 年这卷羊皮纸以 200 万美元被拍卖）。阿基米德的方法主要是将面积分成一些线条，然后把这些线条进行重新组合，组成新的图形。这种精确的转换，是通过阿基米德一种对杠杆操作的规则实现的。从某种意义上讲，阿基米德是利用未知的面积来平衡已知的面积，支点的位置决定了它们的相对大小（把面看成是有重量的物体）。机械方法一词就是由此而来。虽然阿基米德声称上述方法是一个对发现新结果有用的探索性方法，但他也意识到这个方法不能对结果进行有效证明。当他发表这一辉煌的成果时，他又回到几何方法上。主要的问题是在于假定面积是由不可分的直线组成，因为线是一个一维实体：只有长度没有宽度，无论我们怎样把这些线条罗列起来，这些一维的物体汇集起来也是一维的，而不可能是二维的。尽管有这样的疑问，阿基米德还是成功地计算出了面积和

塞拉柳斯于1660年所作《天体集》中的一幅画。这幅巨画描绘了当时的各种行星模型。此后十多年牛顿的《自然哲学的数学原理》（1687年）彻底改变了数学物理及行星理论。

体积，包括抛物线与直线所围的面积，以及立体图形的重心，如圆锥体的重心等。

出于研究动力学及静力学的需要，17 世纪，人们对诸如产生各种各样的曲线、找出它们的长度、它们所围的面积以及它们旋转所形成的几何体的体积这类问题产生了更加浓厚的兴趣。确定一个物体的重心对于决定物体的稳定性是非常重要的。物体的稳定性显然与建筑学及造船业关系密切。当时主要是使用阿基米德的两种方法来确定重心。可是，人们逐渐认识到对待不可分量或无穷小量，这种方法可能有些逻辑问题。然而，使用不可分量的方法比几何方法更容易得到正确的结果。

数学不能再回避如何处理无穷和无穷小这些数学概念的问题了。开普勒在计算一个沿着椭圆轨道运行的行星与太阳连线所扫过的面积时，就使用了无穷小方法。令人难忘的是，在名为《酒桶新立体几何》（1615 年）一书中，开普勒使用无穷小切片的方法计算出葡萄酒桶的容积。伽利略确信存在无穷。他引用了把圆看成边数为无穷多的正多边形的例子。同一时期，伽利略的学生、数学教授博纳文图拉 · 卡瓦列里[①]（Bonaventura Cavalieri，1598—1647）发表了关于求面积和容积方法的长达 700 多页的巨著。卡瓦列里在《一种不可分连续体的新几何学方法》（1635 年）一书中，讨论了不可分原理。他把平面图看成是由不可分线条组成的，把立体图看成是由不可分的面组成的。他的最一般结果是给出了曲线 $y=x^n$ 下的面积公式。其中 n 是任意（正）整数。

①博纳文图拉·卡瓦列里，意大利数学家，发展了几何学，积分学先驱——编注。

现在，让我们来简单看一下在寻找曲线的切线过程中“前微积分”的发展。皮埃尔·德·费马[②]（Pierre de Fermat，1601—1665）得出了一些重要的结果，但没有正式发表，而是在马丁·梅森（Marin Mersenne，1588—1648）主持的梅森学院里传播。费马找到了在一条多项式曲线上任意点求切线的方法，并建立了求多项式曲线的极大值与极小值的方法。他还重新发现了卡瓦列里的关于曲线 $y=x^n$ 下的面积公式，并扩展到 n 为负数。唯一不规则的情况是 n=–1。y=1/x 下的面积是一个对数函数。费马的方法与我们现在微积分学中所使用的方法极其

弗鲁德在《宇宙历史》中的一幅画。画中描绘了天文学家和占星家。这是一部通过宏观宇宙论和微观宇宙论把物质科学和精神科学结合在一起的宇宙和谐理论的巨著。

②皮埃尔·德·费马，法国数学家，与笛卡儿同为 17 世纪上半期两位重要的数学家。他独立于笛卡儿发现了解析几何学的基本原理。他由于发现求曲线的切线及极值点的方法，而被认为是微分学的创始人——编注。

相似。唯一不同的是，费马没有使用无限逼近的概念。在费马的无穷小分析中，没有提到切线和面积是互逆的这一关键特征。同样，看来他也没有把他的方法推广到更一般的函数。

大量的“前微积分”方法的积累，很快就发展成为数学的一个新分支。与以往一样，一场革命即将来临，只等待一个伟人将它变成现实。微积分的发明归功于两位伟人：伊萨克·牛顿和哥特弗雷德·莱布尼茨③。如同所有的共同发明一样，这里也发生了谁最先发明了微积分学以及是谁先把微积分学传出欧洲等这样的冗长争论。

牛顿出生于1642年的圣诞节那一天。那一天也正是伽利略逝世的日子。1661年他进入了剑桥大学三一学院，并于1664年毕业。两年后由于鼠疫该学院被关闭，牛顿回到林肯郡的家中生活。他后来写道，就是在这一时期他发现了著名的无穷级数、万有引力定律和微积分。1669年牛顿写了《运用无穷多项方程的分析学》。在文中，他利用处理有限级数的方法处理了无穷级数，后来他又把二项式定理推广到有理数幂。在《运用无穷多项方程的分析学》中，牛顿还第一次考虑了微积分的概念。牛顿的微积分，基于与费马类似的方法，但它处理无穷级数的功能更强。同时他还首次把求曲线下的面积表示成求曲线切线的逆运算。1671年，牛顿又写了一篇关于流数术的论文。在这篇论文中，他把变量x和y看成是相对于时间的流动量，而x和y分别是x和y的流动率。当x和y本身是变化量（流动率）时，用x′和y′表示x和y的流动率。牛顿的这些思想得之于“线是动点的轨迹”这一观点。点在运动的过程中，时间被看成是一种无形的计时器，并不作为一个

③哥特弗雷德·莱布尼茨，1646—1716年，德国自然科学家、数学家、哲学家。1666年写出《组合的技巧》，其中表述了成为某些现代计算机的理论先驱的模型：一切推理，一切发现，都能归结为诸如数、字、声、色这些元素的有序组合——编注。

独立的变量 t。不幸的是，牛顿没有发表这些结果，只把当中的一些内容告诉了他的同人。《运用无穷多项方程的分析学》直到 1711 年才出版，而 1736 年又出版了英文版的《流数术方法详述》。他的第一份关于流数术的报告于 1687 年以扼要而费解的几段文字出现于《自然哲学的数学原理》一书中。《自然哲学的数学原理》并不是关于微积分的论著，在书中牛顿用几何学的术语描述了他的数学物理。从他拒绝发表他的研究成果的事实可以看出，他讨厌随之而来的争议：此前，在光学方面，他和胡克之间有过类似的经历，牛顿直到胡克去世后才发表他的《光学》。即便是《自然哲学的数学原理》，也是在哈雷的鼓励和经济赞助之下才得以见天日。不管怎样，牛顿只想静静地去研究和工作。他的这一做法随后却招来了激烈的争论。

在《自然哲学的数学原理》的题为“量的初始比和最终比的方法”的章节中，牛顿给出了微分和积分的几何说明，在另一章中列出了微

什么是流数术？它是无限小增量的速度。那么什么是这些无限小增量呢？它们既不是有限的量，也不是无穷小量，什么都不是。我们怎么能不把它叫作消失的量的幽灵呢！

伯克利大主教，《分析家》，1734 年

分学的一些结果。对于微积分的第一本著作，除了少数数学家外，科学界未能给予重视。牛顿通过几何证明直接给出了一般结果而没有经过严格的代数证明。在书中，牛顿承认提出这样的证明比较简单，但是他担心借助不可分量的证明方法的理论依据不可靠。牛顿并不是第一个研究微积分的人，但是他是第一个确立了微积分坚实框架的人。在这一体系下，微分运算与积分运算是可逆的，而且他利用无穷级数扩展了可处理函数的范围。

让我们具体看一下牛顿所要解决的问题。如果我们在曲线上取一点，并要找出通过这一点的切线的斜率，我们就可以这样来做：在靠近这个点的附近取另外一个点并连接两点成直线，也可以做以这两点连线为斜边的直角三角形。这时三角形两个直角边的比给出了斜边的斜率。如果我们设想第二个点慢慢地朝向第一个点移动，就会发现切线的斜率与相应直角三角形斜边的斜率越来越接近，同时三角形越来越小。如果我们想象两个点重合时，就可以确信做出了过该点的切线。但是三角形消失了，并且此时用于计算斜率的两个直角边都变成了 0。这样，最终两个零的比给出了准确的答案。对牛顿来说，这种趋近于零的量的最终比本身也是一个量。当时，牛顿确信微积分是正确的。巨大的实用性使微积分得到了广泛的运用，但是微积分基础的正确性仍受到怀疑。人们又回到无穷大和无穷小的问题上来。牛顿死后不久，哲学家伯克利大主教在他的《分析家》一书中对微积分公然地进行了攻击。在该书中虽然强调了数学家们都知道的逻辑问题，但是此书带有宗教的偏执，并侮辱数学家是相信“消失的量的幽灵”的异教徒。

[ 37 ]

## SECT. II.

*De Inventione Virium Centripetarum.*

### Prop. I. Theorema. I.

*Areas quas corpora in gyros acta radiis ad immobile centrum virium ductis deſcribunt, & in planis immobilibus conſiſtere, & eſſe temporibus proportionales.*

Dividatur tempus in partes æquales, & prima temporis parte deſcribat corpus vi inſita rectam *AB*. Idem ſecunda temporis parte, ſi nil impediret, recta pergeret ad *c*, ( per Leg. I ) deſcribens lineam B*c* æqualem ipſi *A*B, adeo ut radiis *AS*, B*S*, *cS* ad centrum actis, confectæ forent æquales areæ *A S*B, B*Sc*. Verum ubi corpus venit ad B, agat vis centripeta impulſu unico ſed magno, faciatq; corpus a recta B*c* deflectere & pergere in recta B*C*. Ipſi B*S* parallela agatur *cC* occurrens B*C* in

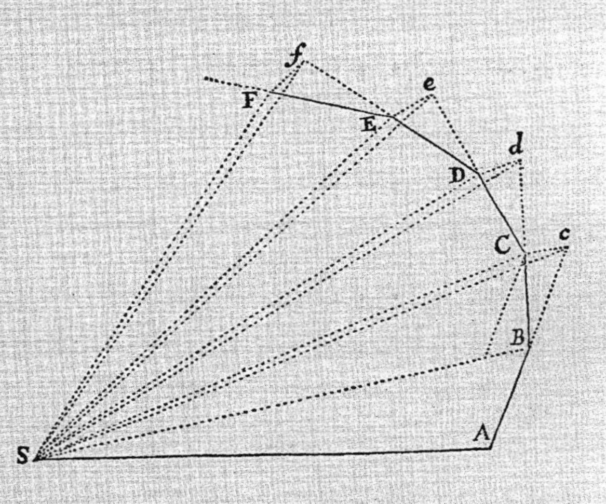


*C*, & completa ſecunda temporis parte, corpus ( per Legum Corol. 1 ) reperietur in *C*, in eodem plano cum triangulo A*SB*. Junge *SC*, & triangulum *SBC*, ob parallelas S*B*, *Cc*, æquale erit triangulo *SBc*, atq; adeo etiam triangulo *SAB*. Simili argumento ſi vis

牛顿的《自然哲学的数学原理》卷 1，命题 1，定理 1。图示了从某一固定点出发的在向心力影响下的质点轨迹。牛顿证明了这样的质点所扫过的面积与质点花费的时间成正比，从而推广了开普勒的第二定律。

哥特弗雷德·莱布尼茨（Gottfried Wilhelm Leibniz，1646—1716）出生于莱比锡。在那里他学习了法律、神学、哲学和数学。学校拒绝授予他法律专业的博士学位，因为他太年轻了，只有 20 岁。他毕业后去了纽伦堡，在纽伦堡他却拒绝了法律教授的职位，而更希望成为一名外交官，并最终成为汉诺威的外交官员。他通常被看成是最后一位伟大的全才。他对逻辑学以及通用语言的设计深感兴趣。今天我们所用的微积分语言主要来自莱布尼茨。术语“微分学”“积分学”及微

deſcripto, ſecetur producta recta *V R* in *H*, & umbilicis S, *H*, axe tranſverſo rectam *H V* æquante, deſcribatur Trajectoria. Dico factum. Namq; *V H* eſſe ad S *H* ut *V*K ad SK, atq; adeo ut axis tranſverſus Trajectoriæ deſcribendæ ad diſtantiam umbilicorum ejus, patet ex demonſtratis in Caſu ſecundo, & propterea Trajectoriam deſcriptam ejuſdem

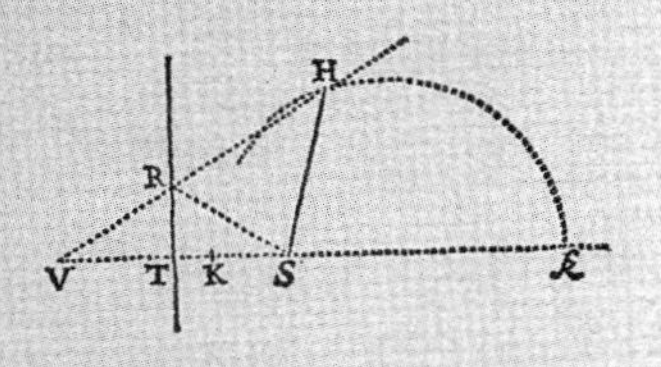


eſſe ſpeciei cum deſcribenda: rectam vero *T R* qua angulus *V R S* biſecatur, tangere Trajectoriam in puncto *R*, patet ex Conicis *Q. E. F.*

*Cas.* 4. Circa umbilicum S deſcribenda jam ſit Trajectoria *A P B*, quæ tangat rectam *T R*, tranſeatq; per punctum quodvis *P* extra tangentem datum, quæq; ſimilis ſit figuræ *a p b*, axe

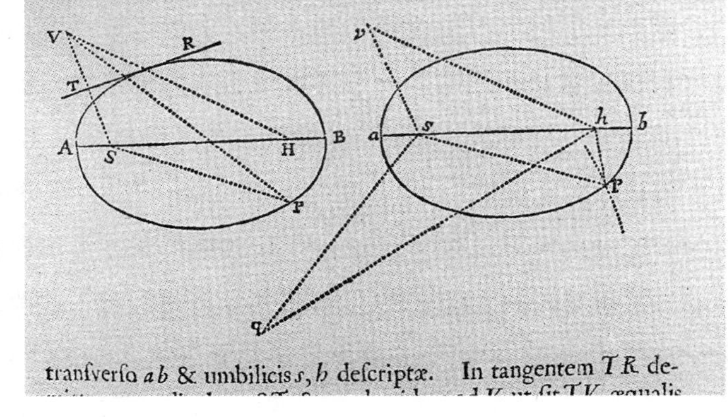


tranſverſo *a b* & umbilicis *s*, *h* deſcriptæ. In tangentem *T R* de-

牛顿的《自然哲学的数学原理》卷 1，命题 20，问题 12。它们描述了从椭圆的一个焦点出发所形成的各种轨迹。牛顿较早证明了椭圆、抛物线和双曲线都满足逆平方定律。

分符号 dy/dx 和 ∫dx 均是他创造的。他的外交官的职位给他提供旅行的方便。1673 年他访问了伦敦，在那里他成了一名贵族。1676 年回国后，他向世人展示了一种新的机械计算机。他不认识牛顿，但是后来的争论大都集中于莱布尼茨在旅行中是否有机会看到过牛顿的《运用无穷多项方程的分析学》。莱布尼茨和牛顿很快建立了友好的关系，并相互交换对无穷级数的观点。

虽然莱布尼茨的微积分也来源于对级数进行展开的研究，但是它的形式是不同的：莱布尼茨对无穷级数的求和问题很感兴趣。在巴黎期间，他开始研究以 $\frac{2}{n(n+1)}$ 表示的三角形数倒数的求和问题。他很巧妙地把 $\frac{2}{n(n+1)}$ 写成形如 $2(\frac{1}{n}-\frac{1}{n+1})$ 的形式。这样，只要写出前几项就会清晰地看到，除了第一项和最后一项外，其他项都相互抵消。把求和扩展到无穷的情况则可得到答案为 2。莱布尼茨还研究了其他级数，得到判断它们是收敛还是发散的方法。他领悟到，求曲线上某一点的切线等价于求当横坐标差趋近于 0 时纵坐标的差与横坐标的差的比，而积分则是纵坐标的和。换言之，一条曲线的积分是当用等宽长方形近似该曲线与横坐标所围面积时，长方形宽度趋近于 0 时的极限。对于某个序列，求前 n 项的和与由这样的和求第 n 项的运算是互逆的。同样地，微分和积分也是互逆的。一切都依赖于牛顿称之为“消失的量的比”那样的无穷小三角形。莱布尼茨微积分的关键概念，是用 dx 表示 x 的极小增量。对于函数 y=f(x)，变化率由 dy/dx 给出，积分由 ∫ydx 给出。积分的记号几何可以写成边为 y 和 dx 构成的长方形的面积之和的一个命题。莱布尼茨的手稿完成于 1675 年。符号经过一些改动后，他的微分学结果发表于 1684 年，而积分学结果发表于 1686 年。两篇文章均发表在他作为创办者之一的《学艺》杂志上。在这两篇文章中他给出了一些微积分定理，包括微分和积分是互逆等这样一些基本定理。莱布尼茨强调，这种新的微积分是解决所有函数切线与求积问题的一般方法。这些函数中包括了超越函数。超越函数这一术语是莱布尼茨用来表示如 sinx、lnx 这样的可以表示成无穷级数但不是代数方程的解的函数。

莱布尼茨所得到的结果与牛顿所得结果类似，但是牛顿却没有发表。一场谁是微积分的第一位发明者的争论一直在这两个人的后半生延续。从发表日期来看，《自然哲学的数学原理》第一版发表于 1687 年，晚于莱布尼茨在《学艺》上文章的发表。牛顿曾往汉诺威寄了一份《自然哲学的数学原理》给莱布尼茨，以为他在汉诺威，但当时莱布尼茨却在意大利。1689 年莱布尼茨从学报上看到了该书的评论，基于这一评论文章，莱布尼茨写了关于力学和光学的文章。其中一些内容显然得益于牛顿的研究。但是，莱布尼茨的前几篇文章在欧洲大陆的成功使得许多欧洲人把微积分的发明归功于莱布尼茨。1699 年，一位无名的数学家在皇家学院发表文章，暗示莱布尼茨是从牛顿的研究中得到启示的。随之发生了一场针锋相对的辩论。莱布尼茨以《学艺》为喉舌，而牛顿则得到了皇家学院的支持。皇家学院本身也成立了专门的调查委员会。1705 年，《学艺》对牛顿的最新著作做了负面的评论，而 1712 年皇家学院的调查委员会判决牛顿是第一发明者。1726 年，在莱布尼茨死后，牛顿从《自然哲学的数学原理》的第三版中删去了对莱布尼茨研究的所有引文。如果牛顿在 1669 年就公开发表他的《运用无穷多项方程的分析学》的话，所有的不愉快都可避免。直到 19 世纪初期，英国人仍对牛顿的流数术念念不忘。但是在欧洲大陆，微积分发展成为令人难以置信的强有力的工具，并采用莱布尼茨的语言。

曾经竭力回避公众的牛顿，晚年却忙于公务。1696 年他成为造币厂的总监，并由于在造币改革及惩罚造伪币者的工作中表现出色，于 1699 年升为厂长。1701 年，他作为剑桥大学的代表，连续两届入选议会。1699 年，他被法国科学院选为第二位外国院士，第一位是莱布尼茨。1703 年被选为英国皇家学会主席，直到逝世。1705 年牛顿被安妮女王封为爵士，死后被葬于伦敦威斯敏斯特大教堂。伏尔泰曾评述道："由于牛顿的伟大功绩，他生时受到国民的尊敬，死时像国王一样受到人们的瞻仰。"

莱布尼茨继续在哲学、宗教和逻辑学等各个领域进行广泛的研究。1700 年他推进了柏林科学院的创建。但是该学院在他死后才正式建成，

威廉・布莱克的《牛顿》(1795 年)。
"对培根和牛顿来说，他们身着钢盔铁甲，威胁着整个不列颠……"
（威廉・布莱克，《耶路撒冷》，第一章。）

似乎他注定要生活在伦敦。1714年他的雇主汉诺威公爵成为英国国王。在他担任了外交官、历史学家、律师及教师等职之后，他被委任去考察整理皇室家谱。有人认为牛顿和莱布尼茨两人共处一室也许是无益的。

1701年在回复普鲁士女王的邀请信的结尾，莱布尼茨写道："数学发展到今日，牛顿先生做出了出色的工作。"而牛顿则在1676年给莱布尼茨的一封信中写道："获得收敛级数的方法是非常美妙的，即使这一方法的发明者没有做过任何其他的研究，这也足以说明他（莱布尼茨）的才华。"幸运的是，历史将同时铭记这两位伟人。

关于曲线和曲线所围成的图形的结论可以容易地应用到曲线及它们所围成的立体图形中去。根据以前的几何学方法，这些引理使我们可以回避繁杂的证明过程。使用不可分割量的方法可以使证明精练，但是因为不可分割量的概念令人难以理解，而且不可分割量的方法不依赖于几何，因此我将把以下命题的证明简化到初始和、最终和、初始比和最终比。也就是，简化为这些和的极限和比的极限。因而，我将尽量简洁地给出这些极限的证明。

由于我们用不可分割量的方法做了同样的事情，因此一旦证明了这些原理，我们就可以安全地使用它们。以下当提及由微小量构成的量及由微小曲线构成的曲线时，我们不把它们看成是不可分割量，而是接近于零的可分割量；不是指确定部分的和及比，而是指这些和以及比的极限。另外，以后的证明均基于前述引理所构建的方法。

也许有人认为不存在消失量的比的极限值，因为在这些量消失前它们的比不是极限值；而在它们消失后又不存在这样的极限值。但是利用同样的推理方法，可以断定当一个物体到达某一点停下来时，它没有最终速度，这是因为在物体到达这一点之前，物体的速度不是最终速度，而到达以后不存在最后速度。但显然，最终速度指的既不是物体到达目的地之前的速度，也不是物体运动停止后的速度，而是物体到达瞬间的速度。也就是说，物体以这一速度到达终点并停止运动。与此相同，消失量的最终比不应该理解为在它们消失之前的比，也不应该理解为它们消失之后的比，而应该理解为消失瞬间的比。同样，初始量的初始比是当初始量产生时的比，而初始和及最终和，分别是它们产生时的和消失瞬间的和。

牛顿，《自然哲学的数学原理》

*1726*年版，第一卷第一章注释

# 第十四章 海洋和星星

## Oceans and Stars

阿皮安努斯基于托勒密《地理学》于1533年所著的《地理学概论》。这幅画展示了将十字杖用于测量天体距离和陆地距离时的各种用法。

# 海洋和星星

所有早期文明都重视绘制地图，不论是为了建筑、征税还是为了制定作战计划。测量师的工作是与应用数学有关的最古老的职业之一。大约公元前2200年拉格什城的苏美尔统治者古得亚的一座雕像，展示了一位测量员，他的手里拿着宁基苏神殿的按比例缩小的设计图、测量用的尺子以及书写用的工具。这是我们知道的最早的按比例绘制的设计图。人们在巴比伦的黏土版、埃及的纸草书及中国的丝绸上发现了地图。罗马人继承了希腊人的测量传统，当时的有关文献中记载了测量及按比例绘图的规则。

在绘制小区域的地图时，我们可以假设这一区域是平坦的。但当我们试图画更大区域的地图时，地球的曲率就成了重要的要考虑的因素之一。我们不清楚人类是何时发现地球是球形的。有些人认为人类占据了地球的一半。厄拉多塞[1]（Eratosthenes of Cyrene）从公元前240年起，担任亚历山大新城的图书馆馆长。他制作了第一张以科学原理为依据的地图。该地图含有经线和纬线，经线和纬线构成了不规则的坐标网格。但是这种绘制地图的方法，在当时好像并没有产生什么影响。而托勒密于公元150年发表的《地理学》却成了制图学的标准教材。此书中说到地球是球形的，而且只有一部分地区有人居住。地球的周

①厄拉多塞，前276—前194年，希腊科学家、作家、天文学家、数学家和诗人，人们所知的测量过地球周长的第一人——编注。

长为 180, 000 视距（有人认为视距大约 160 米）。这一长度远没有厄拉多塞的 250,000 视距精确。《地理学》的伟大贡献，是奠定了把球面投影到平面的基础。花剌子米（第七章）修改了托勒密的地图，他保

约 1290 年的法国航海指南图。这是现存最古老的航海指南图。此图展示了欧洲和地中海的航海路线。

留了托勒密关于地中海地区的那一部分，但提高了中亚地区的精确度。

把球形的地球投影到平面上往往要产生一些失真。绘图员最关心的是确定哪些因素使失真最厉害，哪些因素使失真最少。等角投影可以减少角和形状上的失真；等积投影可以保持相对的面积；等距投影可以保持相对距离。正像我们将要看到的那样，陆地地图和海洋图有不同的要求。

1492 年跟随哥伦布航海的科沙，于 1500 年绘制的世界地图中的地中海和北非部分。

14 世纪，随着欧洲航海和贸易的发展，出现了带有直线网格或罗盘方位线的航海指南图，以帮助航海家们制订航海计划。这些图主要绘制于威尼斯、热那亚和马略卡岛。虽然我们不清楚人们在制作这些航海图时是否使用了特殊的投影技术，但是它们都相当精确。我们还不太了解在这一时期人们使用中国发明的罗盘的程度及天文导航的状况。但是美洲大陆的发现及托勒密的《地理学》的出版，为绘制精确的世界地图做好了准备。托勒密的《地理学》直到 15 世纪才在欧洲露面，首先在 1477 年印刷于波仑那。文艺复兴时期人们使用了各种各样的投影方法。这常常是由于美学的原因，如弗朗西斯科·罗塞利于 1508 年首次使用了流行的卵形世界地图。这些投影基于图形的结构，而不是基于三角公式。

被誉为当代托勒密的杰拉德·墨卡托[②]（Gerardus Mercator，1512—1594 年）为航海家设计了一套特别的投影法。墨卡托就学于卢方大学，学习哲学、数学、天文学和制图学。他还是雕刻师和器械制作师。从 1530 中期起，他绘制了一系列地图，包括佛兰德地图和巴勒斯坦地图。1544 年因异端行为被投入监狱。但由于大学的努力疏通，他很快被释放。之后他到了现在位于德国的克里夫公国杜伊斯堡，并于 1564 年成为威廉公爵的宫廷“宇宙志学家”。在 1569 年，就是在杜伊斯堡，他创建了“墨卡托投影法”，用以绘制世界地图。该投影法的新颖之处是把经纬线画成直线，以便于航海家们使用。在一个球面上，如果一艘船沿着一个固定的方向行驶时，他的航线通常是一条曲线。事实上，假设按着固定的方向行驶（除非是朝着南北极之一行驶），它通常的航线是球面上的一条曲线。实际上连续向着一个固定

②杰拉德·墨卡托，16 世纪伟大的地图学家，所发明的地图投影被称为墨卡托投影。地图（atlas）一词是他首先使用——编注。

方向，船舶会螺旋式地朝一个极前进。但是将这些航程线投影成直线，就可以减轻航海家的工作。墨卡托投影法的另外一个长处是：实际航线的变化角度和航海图上的航线变化角度保持一致。虽然当纬度增高的时候会使地图扭曲得很厉害，但是它仍是当时绘制世界地图最常用的投影法。以后该投影法被彼得斯的等积投影法所取代。

在《航海中的失误》(1599 年 ) 一书中，爱德华・赖特对墨卡托投影法进行了数学分析。在同一年由理查德・哈克卢特[③]出版的《航海原理》一书中，赖特发表了基于墨卡托投影法的世界地图。随着对陆地和天体的认识的深入，人们开始研制地球仪和天体仪。这些仪器通常是为了教学的需要，同时它们也被作为新知识的象征。在通常情况下，人们将地球仪和天体仪安装在一起，使之成为双胞胎球体。随着天体

罗莫于 1701 年所制造的一组数学仪器。这组精美的数学仪器包括了几何四分仪，通用日晷及一组内皮尔算棒。这可能是为一位富有的雇主作为身份的象征而不是作为实用工具而做的。

③理查德・哈克卢特，1552—1616 年，英国地理学家。主要兴趣关注在海外地理勘探与发现上，积极参加当时找寻通向东方航道的活动——编注。

观测精确度的逐步增加以及三角投影法在法国、英国和其他欧洲国家的兴起，世界地图需要定时更新。

然而，为了绘制精确的地图和航海图，需要知道关键地点精确的经度和纬度。纬度很好计算，它们与北极的等高线一致。当时，为了确定纬度，人们可以利用太阳的位置并使用太阳光与赤道的夹角的偏差表对纬度进行修正。然而，经度就比较难以计算了。以某一个子午圈为零时区，从该子午圈开始每隔 15° 产生时差为一小时的时区。当地时间可以通过天体观测或日晷来确定。但是，为此我们需要同时知道零时区的时间。一种方法是将月亮看成是夜晚的时钟，通过观测它

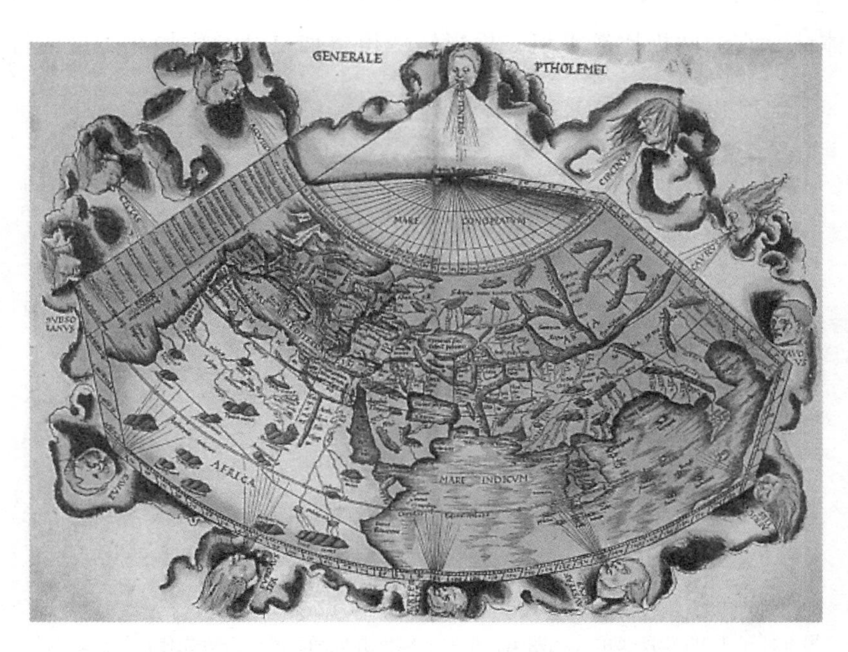


在欧洲发现的依据托勒密的《地理学》所绘制的 1513 年的世界地图。

在空中的运行来计算时间。但是月亮的运行轨道是非常不规则的，而且由于航海时间较长，所以只有当航海家手中有早已绘制好的月亮运行轨迹表时，该方法才有效。格林尼治皇家天文台就是为这一目的于1675年创建的。1767年皇家天文学家内维尔·马斯基林④发表了《航海年鉴》。年鉴含有一年中每隔三小时的月球位置表。那时约翰·哈里森的航海钟已接近完成，并且它很快成为在海上确定经度的有效工具。该仪器有一个标准时间表，这样通过对太阳或恒星的观测来确定当地时间，然后利用当地时间与标准时间的差，就可给出海船所在地区的经度。⑤

随着人们发现地球并不是一个标准的球体而是一个扁平的球体——它的两极比较平坦，投影法变得更加复杂。牛顿在《自然哲学

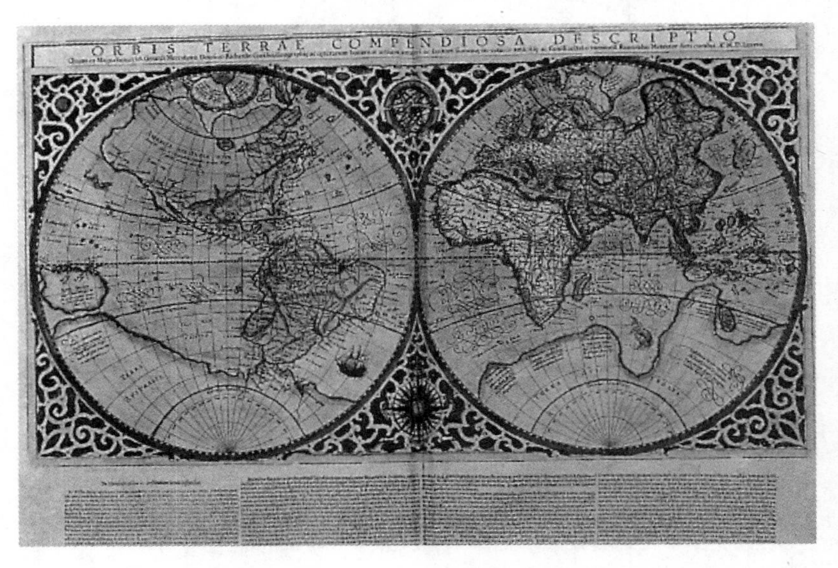


墨卡托于1585年所著的《地图集》中的一幅世界地图。墨卡托首先使用了“地图”这一词语。《地图集》的各个版本包含了各个国家的最新地图。

④内维尔·马斯基林，1732—1811年，英国第五位皇家天文学家，主要成就是改进航海术。他也是测量时间精度达到1/10秒的第一人——编注。

⑤相关内容请参阅海南出版社出版的《经度》（2000年1月1版）一书——编注。

的数学原理》中关于地球是扁平的论证，最终被实践所证实。如果地球的两极是平坦的话，同样 1° 的纬度，两极附近的长度比赤道附近的长度要长，同时，由于地球的引力，纬度不同加速度也不同。人们组成了测量远征探险队来检测这些结果。1735 年，巴黎科学院决定派出特使团到拉普兰和秘鲁去测量北极与赤道附近纬度 1° 的差别。克里斯蒂安·惠更斯⑥关于单摆的经典研究指出，钟摆的频率与重力加速度的值有关。这种差异早在 1672 年就已被注意到。为了使巴黎的单摆与在凯恩的单摆摆动得一样快，必须缩短在巴黎的单摆的臂长。不幸的是，由于观测的错误导致出了一个矛盾的结论。有些人甚至认为地球是一个瘦长的球体，也就是说在两极被拉长而不是被压扁了。到了 1832 年，美国的天文学家纳萨尼尔·鲍迪奇⑦测量了全球从拉普兰到好望角的 52 个地区。在他对拉普拉斯⑧的《天体力学》的译本中，他对上述测量结果加以分析，并给出了地球的扁率是 1/297。这一结果在近百年之

法国 16 世纪的图画。画中展示了一位航海家正在“瞄准星星”以确定他的纬度。这一时期的经纬仪可以同时测定垂直和水平角度。

⑥克里斯蒂安·惠更斯，1629—1695 年，荷兰数学家、天文学家、物理学家，光的波动理论的创立者；发现了土星光环的真实形状，对动力学作出最早贡献——编注。

⑦纳萨尼尔·鲍迪奇，1773—1838 年，美国自学成才的数学家和天文学家。发现了在天文学和物理学上有重要用途的鲍迪奇曲线——编注。

后才得到国际上的承认。

对地球不是标准球体的认识，促使人们去寻找一种不仅能处理平面和圆球面而且也能方便地处理一般球面的三角学。在一个圆球面上，三角形内角和大于 180° ，如果是一般球面的话，三角形内角和的超出量将随三角形的位置不同而变化。勒让德[9]（Adrien-Marie Legendre，1752—1833）于 1799 年在这一方面做出了十分出色的研究。他寻找到了一个三角形的边与三角形内角和的关系公式。使用这一计算公式，

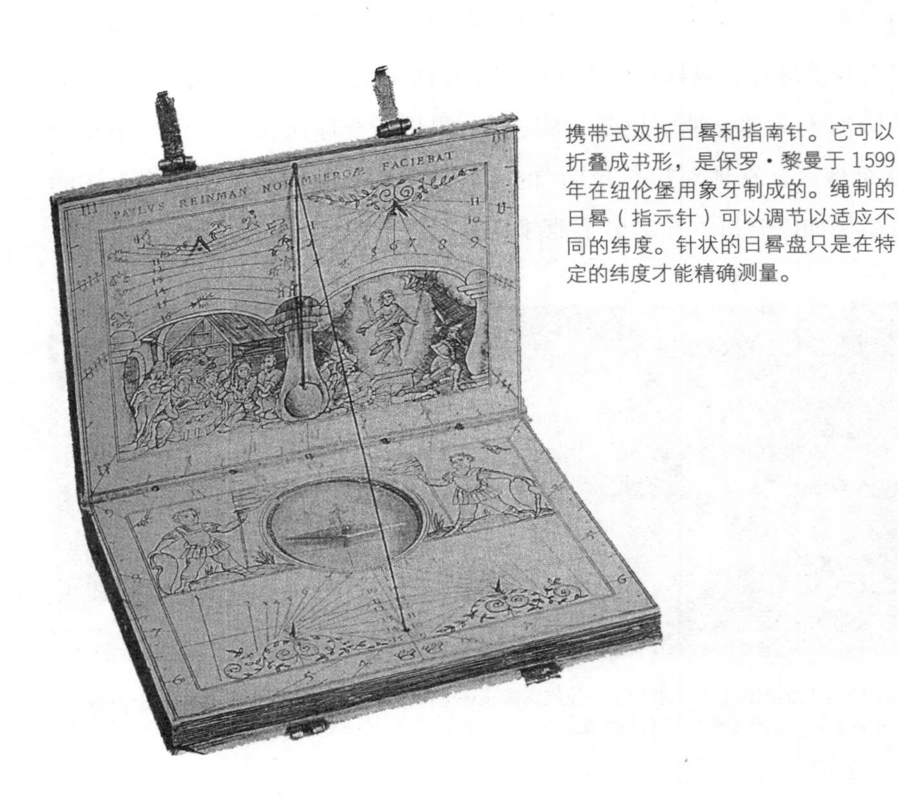


携带式双折日晷和指南针。它可以折叠成书形，是保罗・黎曼于 1599 年在纽伦堡用象牙制成的。绳制的日晷（指示针）可以调节以适应不同的纬度。针状的日晷盘只是在特定的纬度才能精确测量。

⑧拉普拉斯，1749—1827 年，法国数学家和天文学家，因研究太阳系稳定性的动力学问题被誉为法国的牛顿——编注。

⑨勒让德，法国数学家，在椭圆积分方面的工作为数学物理提供了基本的分析工具——编注。

人们定义了新的投影法。用该公式我们可以计算出所需的扭曲度。兰伯特[10]（Johann Heinrich Lambert，1728—1777）于1772年发表了一系列的投影法，其中之一是现在仍在使用的保形圆锥投影法。用这一投影法将地球投影到一个锥面上，该锥面与地球面在标准纬度上相接。把这个锥面展开后就是一张平面地图。

贸易工具得到了迅速的改进。从希腊人继承来的，由阿拉伯人完善的天体观测仪天空投影是一种模拟计算机。通过旋转一个刻着星座图和各种天体轨道的圆盘，我们可以计算日出及日落的时间。纬度不同，星体的投影也不同，所以这种星盘通常由若干个圆盘组成，每个圆盘对应于不同的纬度。这种星盘可以计算星体的地平纬度和方位，还可以计算时间和测量天文距离。阿拉伯人首先开始使用地平纬度和方位作为标准度量。地平纬度是天体与地平线的角度，方位是到子午线的角距。日晷也是常用的计时工具。它利用太阳的地平纬度或方位的变化来计时。多数刻度盘需要用指南针来定位。通过参照太阳在空中运动的速度的变化，刻度盘变得越来越精确。17世纪，人们还制出了经调整纬度后可以运用于任意地区的通用日晷。简易的水手天体观测仪被象限仪所替代。由于有了光学仪器和更加精细的刻度，航海家、天文学家及测量员所使用的象限仪、六分仪以及相关的仪器的精度得到了极大的提高。

对土地、海洋和天空测量精度要求的提高加大了计算量。提高精确度意味着计算量的增加。因而对数的使用在17世纪具有重大的现实意义。尽管三角函数表和对数表中总是存在着一些印刷上的错误，但

⑩兰伯特，又译朗伯，瑞士—德国数学家、天文学家和物理学家，他第一次严格地证明了 π 是无理数——编注。

航海家使用这些表仍可以简化计算。计算尺的发明虽然没有提高精确度，但大大节省了计算时间。从 18 世纪起计算尺得到了广泛应用。从那时起我们的宇宙观已经完全不同于托勒密的宇宙观：地球现在只是一个行星，一个绕着太阳运转的扁平球体。20 世纪后期，当人造卫星开始从地球轨道上绘制变化中的地球地理结构时，我们终于可以从地球外面来俯视地球了。

约翰内斯·弗美尔所画的《天文学家》（1668 年）。随着望远镜精度的提高以及人类进入南半球，天文学家们在天空中发现了许多新的星星。星象仪和地球仪被广泛用于教学，同时也成为新知识的象征及时髦的家庭装饰品。

# 第十五章 五次方程

*The Quintic*

$$a_2x^2 + a_1x + a_0 = 0$$

$$x = \frac{-a_1 \pm \sqrt{a_1^2 - 4a_2a_0}}{2a_2}$$

学校教科书中所给出的一般二次方程的两个根的求解公式。三次方程和四次方程的求解公式最终发现于16世纪。但是不存在五次方程的代数解法。虽然有些人已经怀疑五次方程不可求解，然而，直到19世纪这一结果才被证明。

# 五次方程

16 世纪，数学家们在偶然中发现了复数（第十一章）。到了 18 世纪，复数系作为实数的扩张而被建立起来。但在处理复数时产生了一些错误。例如在欧拉的《代数引论》（1770 年）中，欧拉提到“$\sqrt{-2}\times\sqrt{-3}=\sqrt{6}$”而不是 $-\sqrt{6}$，这使得以后的学者们感到困惑。即便是高斯[①]的杰作《算术研究》（1801 年），也回避了所谓“虚数”的使用。关于复数的研究成为一门新的数学分支。《算术研究》的最重要的成果，是证明了代数基本定理。高斯充分意识到这一定理的重要性，因此，他花费了许多年的时间来研究这一定理。直到 1849 年，他首次把这一定理推广到了复数域。用现代的术语来描述的话，代数基本定理是：对任意实系数或复系数有限多项式方程，它的根或是实数或是复数。这一定理对长期争论的下述问题给出了否定的答案：高次方程的根是否具有比复数更复杂的“高层次”的结构？高斯认识到这一定理的重要性，在此之后又给出了更详细的证明。

当时，代数中最棘手的问题是五次方程能否用代数方法，即通过有限代数步骤求解的问题。在学校里我们学习过二次方程的解法。在 16 世纪，人们又知道了三次方程和四次方程的解法（第十一章），但是数学家们没有找到五次方程的解法。对于五次方程解的存在性问题，

①高斯，1777—1855 年，德国数学家，与阿基米德、牛顿并列为历史上最伟大的数学家。早年便推倒了 18 世纪数学的理论和方法，而以他自己的革新的数论开辟了通往 19 世纪中叶分析学的严密化的道路——编注。

代数基本定理似乎给出了解法存在的希望。然而，这一定理仅仅是保证了解的存在性，而没有说存在计算严格解的公式（近似数值方法和图形方法已经存在）。这一问题给我们带来了两位悲惨的天才数学家。

尼尔斯·亨里克·阿贝尔（Niels Henrik Abel，1802—1829）出生于挪威某个小村庄中一个贫穷的庞大家族。当时的挪威由于英国和瑞典间的战争而变得日益衰退。一位具有同情心的教师鼓励阿贝尔自学成才。但在他 18 岁时，由于父亲的去世，家族的生活重担就落在了这一位年轻虚弱的孩子的肩上。1824 年，阿贝尔完成了关于五次方程及更高次方程无代数解的研究论文。阿贝尔相信这是他进入学术界的凭证。他将这一论文寄给了当时在格丁根大学的高斯。不幸的是，高斯似乎没有打开过这封信。1826 年，挪威政府最终出资资助阿贝尔周游欧洲。由于他害怕拜访高斯会引来不快，因此他没有去格丁根而是去了柏林。在那里他结识了普鲁士教育部的工程和数学顾问奥古斯特·克列尔[②]（August Leopold Crelle，1780—1855）。克列尔当时正在创办《纯粹与应用数学杂志》（现名《克列尔杂志》）。这样，阿贝尔的研究找到了发表的地方。阿贝尔在这一杂志创刊期间发表了许多论文，并使这一杂志很快成为有声望的出版刊物。阿贝尔在这一杂志上发表了五次方程不可解的证明之后，离开德国去了巴黎。在巴黎，阿贝尔变得绝望。因为他发现很难从法国数学家那里得到必要的支持。他找到了柯西[③]（Augustin-Louis Cauchy，1789—1857）。柯西是数学分析领域的重要人物，但是与人很难相处。就像阿贝尔自己所说的那样："柯西是个疯子，又拿他没有办法。"假如我们可以对高斯和柯西所带来的伤害给出正当的理由的话，那就是：当时五次方程已经是臭名昭著了，

②奥古斯特·克列尔，德国数学家和工程师。他在数学上最大的贡献是在 1826 年创办《克列尔杂志》——编注。

③柯西，法国数学家，在数学分析和置换群理论方面做了开拓性的工作，他是近代最伟大的数学家之一——编注。

不论是成名的数学家还是一些无名小卒都试图给出答案，从而一举成名。阿贝尔回到了挪威，由于患了肺结核而更加虚弱，但他继续向《克列尔杂志》寄文章。他死于 1829 年。他本人至死也不知道他的声望已经高不可及。就在他死后两天，一封来自柏林的就职邀请被人送到他的家中。

阿贝尔证明了五次以上的多项式方程不能利用根式求得一般解。然而，可解的必要条件及其求解方法要等到伽罗瓦来给出。伽罗瓦（Évariste Galois，1811—1832）的一生是短暂的而且充满了灾难。作为一位杰出的天才数学家，他性情易变和世人对他的不公正，使他成为一位悲剧人物。对那些不如他聪明的人，他从不宽容，而且他憎恨权威人士所带来的不公正。伽罗瓦在读到勒让德的《几何原理》（出版于 1794 年并成为之后一百年几何学的主要教科书）一书之前，他并没有显示出自己的数学才能。他读了《几何原理》之后，就如饥似渴地学习勒让德和阿贝尔的著作。他的狂热、他的自负及他的急躁使他与他的老师以及考试官之间的关系遭到了损害。在数学家的摇篮——巴黎工学院的入学考试时，没有做任何准备的伽罗瓦当然落了榜。由于他遇到了一位赏识他的老师，他的落榜的痛苦被暂时压了下去。1829 年 3 月，伽罗瓦发表了关于连分数的第一篇论文。他一直认为这是他最重要的工作。伽罗瓦把这些新发现投到了法国科学院。柯西答应给他发表，但是柯西却忘记了自己的诺言，更糟的是柯西把伽罗瓦的手稿给弄丢了。

伽罗瓦的第二次巴黎工学院入学考试的失败成了一个数学逸事：他习惯于用脑而不是用笔来处理复杂的概念，再加上主考官的吹毛求疵，伽罗瓦被激怒了。当发现他的面试很糟时，他把黑板擦扔到了一位主考官的脸上。一个牧师的阴谋诽谤，促使伽罗瓦的父亲自杀，而且在他父亲的葬礼上还发生了一场骚乱。在他父亲死后不久的1830年2月，伽罗瓦又写了三篇论文，并投给法国科学院的数学大奖赛进行评选。作为此次大奖赛评委的傅立叶在没有读到这些文稿时就去世了，而从此以后这三篇文稿就再也没有找到。这一系列令人失望的事情无论对谁都是一场考验。这也使伽罗瓦对科学院的体制感到反感。在这一体制下，他没有得到应该得到的一切。他轻率地投身到了政治运动中，成为一名坚定的共和党人。这在1830年的法国不是一个聪明的选择。作为最后的一次努力，他将一份研究报告寄给了泊松[④]，而泊松的回应是，这些结果需要进一步的证明。

这是他最后的一线希望。1831年，伽罗瓦两次被捕：一次是涉嫌煽动暗杀国王路易·菲力浦；另一次是由于当权者害怕共和党人造反，他被安上非法穿着他曾加入的当时已解体的炮兵军营的制服这一捏造的罪名，被判处入狱六个月。在假释期间，一件风流韵事同其他事情一样使他对世人感到厌恶。在给他的亲密朋友夏瓦立叶的一封信中，伽罗瓦述说了对生命希望的破灭。1832年5月29日，他接受了一场决斗，这场决斗的原因至今不明。他在一封给所有共和党人的信中这样写道："我死于一个声名狼藉、无耻的卖弄风情的女人之手，在一次悲惨的决斗中，我的生命消失了。"伽罗瓦最著名的著作是在决斗的前一夜完成的。在手稿的页边的空白处，他写道"我没有时间了，我没有时间了"。他必须把与理解主要结果无关紧要的一些中间过程留给其他人来完成。他需要写下他所发现的要点。这篇论文中的第一个主要结

④泊松，1781—1840年，法国数学家，以定积分、电磁理论和概率论等方面的工作而著名——编注。

果就是伽罗瓦理论。文章最后是给夏瓦立叶的遗嘱，他恳求夏瓦立叶去“公开质问雅可比⑤和高斯，要求他们给出评价，不是问他们结果是否真实，而是如何评价这些定理的重要性”。那一天的清晨，伽罗瓦与他的敌手相会，两人相隔二十五步远，伽罗瓦在决斗中受了枪伤，第二天早晨死于医院，年仅 21 岁。

伽罗瓦的研究基于拉格朗日和柯西的以往研究，但他对关于五次方程的问题做出了突破性的工作，找到了更一般的方法。他并没有抓住原来的五次方程及它的图形解释不放，而是着眼于五次根自身的特性。为了简化起见，伽罗瓦研究了没有实根的所谓的不可约方程（因为如果五次方程有实根，则五次方程就可以分解成四次方程，因此存在代数解法）。一般，实系数不可约多项式是不能分解成更简单的实系数多项式乘积的多项式。例如，（$x^5-1$）可以因式分解成（$x-1$）（$x^4+x^3+x^2+x+1$)，而 ($x^5-2$) 则是不可约的。对于任意给定次数的实系数且无实数解的多项式不可约代数方程，伽罗瓦的方法是建立能够利用开方根来对方程求解的条件。

这一方法的关键是发现任意不可约代数方程的根不是独立的，而是能用另一个根来表示的。这些关系可以对根的所有可能的置换构成的群，这就是对根的对称群加以形式化而得到。对于五次方程，这样的群含有 5！ =5×4×3×2×1=120 个元素。伽罗瓦理论的数学工具非常复杂，这也可能是他的理论没能很快被接受的原因之一。但是，从代数方程的解到它们的相应的代数结构的这一抽象性的提高，使伽罗瓦能够从相关的群的性质来判断方程是否可解。不仅如此，伽罗瓦理

⑤雅可比，1804—1851 年，德国数学家，和挪威的阿贝尔共同创立了椭圆函数理论——编注。

论还为我们提供了寻找方程解的方法。关于五次方程，刘维尔[⑥]（Joseph Liouville，1809—1882）于1846年在他的《纯粹与应用数学杂志》上发表了伽罗瓦的许多研究成果并注释道：“伽罗瓦已经证明了的这一‘美妙的定理’：一个素数次的不可约方程用根式可解，当且仅当它的任意根是任何其中两根的有理函数。”由于不可约五次方程不存在这样的关系，因此五次方程不能用根式求解。

在这三年期间，数学界失去了两颗最璀璨的新星。阿贝尔和伽罗瓦都是在死后才得到了他们应有的重视。1829年，雅可比从勒让德那里得知阿贝尔的“丢失了的”手稿的事，1830年挪威驻巴黎领事要求寻找阿贝尔的论文，引发了一场外交风暴。柯西最终找到了阿贝尔的研究报告，但是又被法国科学院的编辑给弄丢了。同年，阿贝尔同雅可比一起获得了数学大奖，不过这时阿贝尔已经死了。阿贝尔的研究报告最终于1841年出版。1846年刘维尔编辑发行了伽罗瓦的一些手稿。在此书的前言中，刘维尔悲叹道：法国科学院由于伽罗瓦的文章的含混不清而拒绝接受。然而“当一个试图把读者从一条他人走过的路带向一个新的领域时，的确需要清晰的描述。”刘维尔接着写道，“伽罗瓦已经不存在了，我们不要再纠缠于无用的相互责难之中，让我们忘记过失，关注我们所取得的成绩”。伽罗瓦在其短暂的一生中的成果总计不到60页。论战仍没有结束，为报考巴黎高等师范学校和巴黎工学院的考生而刊发的数学杂志的编辑，对伽罗瓦事件做出了以下的评述：“一个才智过人的考生由于弱智的主考官而落榜，因为他们不理解我，我是一个野蛮人（Hic ego barborus sum quia non intelligo illis）。”

⑥刘维尔，法国数学家，因对分析、数论和微分几何的研究，特别是发现超越数而著名——编注。

首先，本文第二页没有姓、没有名、没有品质、没有标题，也没有悲惨王子的挽歌。你将不会看到，用比正文大3倍的字写的对科学界显赫人士及英明领袖的敬意：它本应是对来自一个20岁的想写文章的人的敬意。我决不会向任何人说，我的著作中任何一点有价值的东西要归功于他的建议或鼓励。我不这么说，因为如果我这样说了，那我就是在说谎。假如我要向世界伟人或科学伟人（此时这两类人是难以察觉的）致辞的话，也不会含有任何谢意。

我"感激"其中的一些人，他使我得以那么晚才发表这两篇论文中的第一篇，"感激"其他的人，他们使我在监狱写这篇文章。这不是一个沉思的地方，在这里我常常对我的自我克制感到惊奇。我入狱的原因经过不应由我来说，但我必须说，我的文稿为什么总是从学院的先生们的纸盒里不翼而飞了呢？事实上，虽然我不能想象这些没有头脑的人会对阿贝尔的死感到良心上的不安，我不想把自己和阿贝尔这样的杰出数学家相提并论，但是以下事实足以说明问题：我的关于方程式理论的研究报告是于1830年2月就递交到了科学院，它的摘要于1829年就已提交，从那以后就杳无音信，论文再也无法找到。

伽罗瓦，没有发表的前言，1832年

# 第十六章 新几何学

*New Geometries*

艾舍尔（M.C.Escher，1898—1972）的《圆极限 iv》。此画精妙地展现了双曲几何学。双曲几何学是菲利克斯·克莱因（1849—1925，德国数学家，认为几何学就是研究在给定变换群下不变的空间性质——编注）提出的二维非欧几何学，以替代贝尔特拉米的伪球面。在双曲几何学中，三角形内角和小于180°，而且欧几里得的平行公设不成立。

①奈绥尔丁，1201年～1274年，波斯

# 新几何学

自从公元前 3 世纪欧几里得的《几何原本》一出现，就被公认为是最完美的数学体系（第四章）。建筑在最基本的假设之上，《几何原本》构建了格外壮观的数学定理架构。欧氏几何是形式公理演绎体系。然而，几何学的这一尝试带来了一个小问题，而历代数学家们则总是盯着这一问题不放，试图做些文章。这就是第五公设。有争议的第五公设是：如果一条直线与已知两条直线相交且与这两条直线在同一侧所围成的角之和小于 180°，则这已知的两条直线在这一侧相交。简单地说，如果两条直线不平行，这两条直线一定有一个交点。所有人都认为第五公设是正确的，但是人们不理解为什么要把它作为《几何原本》的公设。人们试图去证明它：认为它是一个由其他公理可以证明的定理，而不是公设。很多人都认为自己证明了第五公设，但是，仔细审查这些证明就可以发现，在证明中总是潜藏着新的假设，而这一新的假设不过是第五公设的变形。很难找到另一个更显而易见的公设来代替第五公设。

很多数学家都在继续研究第五公设。最有名的是 11 世纪的花剌子米和 13 世纪的波斯人奈绥尔丁[①]。两人的研究被翻译成拉丁文并影响了杰罗拉莫·萨凯里（Girolamo Saccheri，1667—1733）。在萨凯里去

哲学家、科学家和数学家。他改进了以前欧几里得、托勒密等人的早期阿拉伯语译本，对数学和天文学作出了独特的贡献——编注。

世那一年他出版了题为《免除所有污点的欧几里得几何》的著作。他试图通过与其他可能的公设相矛盾的反证手段来证明第五公设。他画出了现今被称为“萨凯里四边形”的、由两组“平行线”组成的四边形，并提出了关于萨凯里四边形内角和的三个不同假设，它们分别是：四边形的内角和小于、等于、大于 360° 。如果他能证明第一个和第三个假设存在逻辑矛盾，那么他就证明了中间的那个假设是唯一能构成自相容几何学的假设，这也就是证明了与其等价的第五公设。具有讽刺意义的是，这将会证明欧几里得把它作为公设是正确的。萨凯里很轻松地证明了第三个假设将导致逻辑矛盾。但是第一个假设没有逻辑矛盾。实际上他使用第一个假设证明了许多定理。最早的非欧几何学已经在萨凯里的眼前了，但是萨凯里拒绝承认它。请记住，他所有这些工作的目的是为了推翻这一假设的正当性，而不是构造一门新几何学。基于他所掌握的那些不符合逻辑的神学条例，他放弃了这一新几何学。后来的数学家们却与他不同，不存在如此大的怀疑。

你千万不要去碰第五公设问题。我知道这将带来什么后果。我曾经经历过这一无底的黑暗。它熄灭了我一生的所有光明和乐趣。我恳求你放弃第五公设的研究。我想我已经为真理做出了牺牲。我已为除去几何学的瑕疵并使其更加纯净而奉献出了我的一生。我已做了大量的工作，我的成果远远超出他人。然而我仍没有达到令人满意的结果。我回过头来，感到不安，可怜自己也可怜所有的人。

F. 鲍耶给儿子 J. 鲍耶的信

对第五公设的过于迷恋，已不再只是有关逻辑合理性的问题。它具有更深刻的意义。我们需要重新考虑现实空间本身的性质。欧氏几何学不仅是和谐和坚固的数学体系，而且也是构造空间本身的方法。例如欧氏几何学认为两点间最短连线，从理论上或实际上都是直线。但是在已建立的古典球面几何学中，上述事实不再成立。在一个球面上，两点间最短连线是通过这两点的大圆上的弧线，而且球面上任意三角形内角和大于 180° 。那么这又有什么大惊小怪的呢？这与几何体系的内在性质与外在性质的不同有关。外在性质是从体系之外能够推知的性质，而内在性质是从体系内部可以推知的性质。例如，球面几何学的规则是通过从球面外部观测球面时得到的，就好比手里拿着一个球一样。但是我们怎样才能从纯几何学的角度来断定我们是否生活在一个球面上呢？我们能从纯几何学的角度断定我们是生活在平坦的地球上还是生活在圆球形的地球上吗？换一种方式来看，是否存在内在的性质，它在平面上和球面上是不同的呢？在考虑我们生活的三维空间

我还没有得到令我满意的结果。我沿所研究的路线一定能达到我的目标，只要这一目标是可能的。我虽然还没有成功，但是我发现研究的成果是如此宏伟，令我非常吃惊。对于你的失败我感到非常同情。亲爱的父亲，当你看到这些结果时，你一定同我一样会这样认为。我现在可以说我已创造了一个完全不同的新世界。与之相比，我以前寄给你的那些结果，都是微不足道的。

J. 鲍耶给 F. 鲍耶的信

的真正属性时，这些相对简单的观念是重要的。在这一空间内，我们只能以用内在的性质为入门的捷径。

约翰·海因里希·兰伯特（Johann Heinrich Lambert，1728—1777）是非欧几何学的先驱。在他的《平行线理论》（1766年）一书中，他用与萨凯里类似的方法证明了三个假设它们分别等价于三角形内角的和小于、等于、大于180°的三种情况。他还揭示了球面几何学与其中第三种情况相类似。他推测第一种情况可能与以虚数为半径的球面几何学相对应。以虚数半径代替实数半径导致了后来被称为双曲几何学的公式和定理的产生。在双曲几何学里，人们熟悉的sinx、cosx被sinhx，coshx所取代。因此，虽然这种想法从现实上看不合情理，但是在数学中却是接近真理的。兰伯特的推测不久之后被验证。

19世纪初期，所有证明第五公设的尝试都以失败而告终。人们开始意识到非欧几何学确实存在。这里有两位不知名的数学家成为这一领域的新星。

尼古拉斯·伊万诺维奇·罗巴切夫斯基（Nikolas Ivanovich Lobachevsky，1793—1856）出生在俄罗斯一个小官吏的家庭。11岁时他父亲去世，留下罗巴切夫斯基的母亲和三个孩子，生活拮据。后来全家移居喀山，孩子们都受到了良好的教育。其中罗巴切夫斯基成绩最突出。14岁时，他进入了刚刚成立的喀山大学学习。在那里，他接触到了许多来自德国的杰出教授。21岁时，罗巴切夫斯基成为一名教师，两年后担任教授。作为一个有耐心、有条理又勤奋的人，他受到了同事们的尊重，回报却是让他接替了没有什么收益的管理工作。他担任了学校的图书馆馆长和学校混乱的博物馆馆长。在没有任何助手的情况下，他一个人完成了所有的工作，使得图书馆和博物馆变得井然有序。

1825 年，政府终于为大学指派了一位专门的督察，后来该督察利用他的政治影响当选为校长。从 1827 年起，罗巴切夫斯基成为学校的校长。他重组了学校的管理队伍，使得教学自由化，建造了学校的基本设施，其中包括天文台的创建。大学是他的一切。1830 年的霍乱席卷喀山，罗巴切夫斯基命令所有的学生和职员及家属到校园寻找避难场所。由于他实施了严格的卫生条例，660 人当中只有 16 人死亡。尽管他为喀山大学不知疲倦地工作，政府却于 1846 年莫名其妙地解除了他的校长和教授职务。他的同事和朋友向当权者恳求，但还是无济于事。当时他的视力已经很差，可他仍坚持数学研究。他最后的著作是口述的，因为那时他已经完全失明。

1826 年，罗巴切夫斯基向学校提交了他的第一篇论文（使用了学术界通用的法语）。在论文中，罗巴切夫斯基概述了他的几何思想。这篇题为《关于几何原理》的文章直到三年后才发表在《喀山学报》上。这就是说，1829 年是罗巴切夫斯基的非欧几何学诞生的年份。在上述文章中，他阐述了第五公设是不可证的，而且通过用另一个公设取代第五公设，建立了新的几何学。他非常欣赏萨凯里和兰伯特的非欧几何学的初期研究。同欧氏几何学一样，非欧几何学具有坚实的逻辑体系。对罗巴切夫斯基来说，他所推导的定理与现实普遍认同的概念相抵触，因此他把自己的发现称为“虚几何学”。但这并没有降低他的工作的重要性。1835 年到 1838 年，他用俄语写了《几何新基础》的论文。1840 年，他用德文发表了《平行线理论的几何研究》一书。正是由于这本书，高斯向格丁根科学院推荐了罗巴切夫斯基，罗巴切夫斯基于 1842 年被选为院士。然而高斯却拒绝用文字的形式赞扬他。因此，他的创新思想未能很快被数学界接受，这使罗巴切夫斯基感到非常失

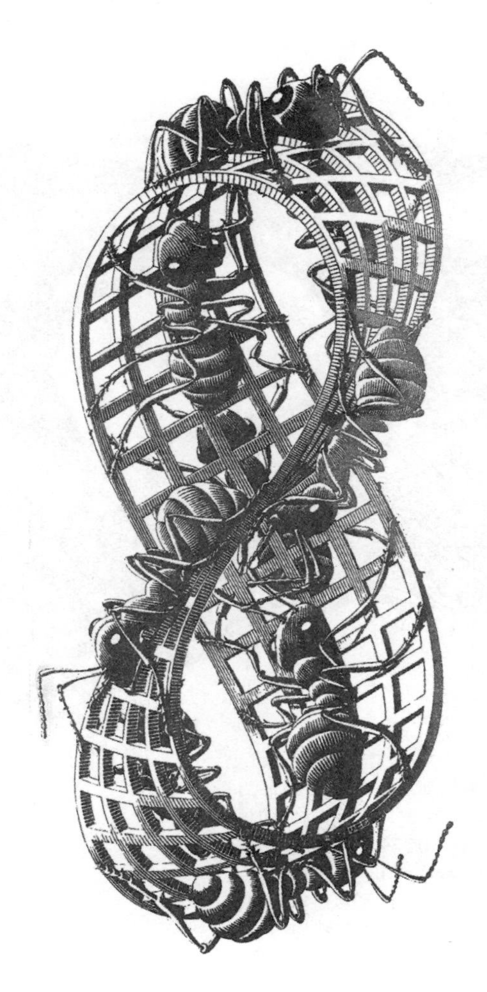

艾舍尔的《麦比乌斯带》。麦比乌斯带是第一个奇异的拓扑空间。它只有一个面，两个麦比乌斯带联结在一起，就成了克莱因瓶。

望。随之而来的被大学开除和失明更是雪上加霜。1855 年他用法语和俄语同时出版了他最后的一本书《论几何学》。罗巴切夫斯基——“几何学领域的哥白尼”，死于 1856 年。贝尔特拉米（Eugenio Beltrami，1835—1900）给出了非欧几何学的物理解释。他证明了伪球面满足罗巴切夫斯基几何学，同样也满足兰伯特的早期重要的研究结果。

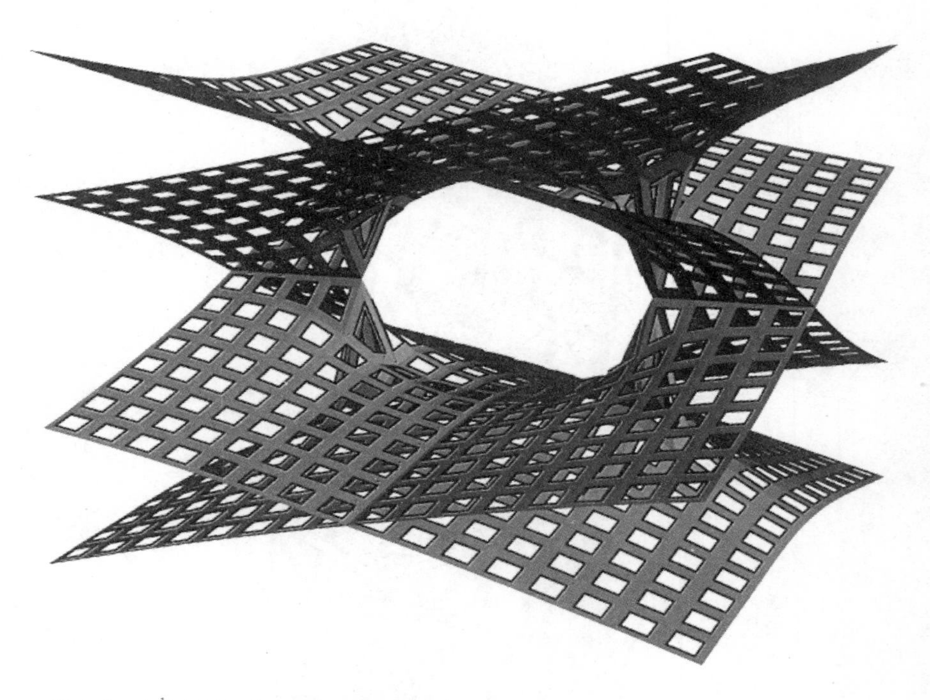

函数（$z^2-1$）$^{1/4}$ 的黎曼曲面。在二维复平面上，虚数 $i=\sqrt{-1}$ 被解释成向量（1，0）沿逆时针旋转 90° 。做四次这样的旋转，点（1，0）将回到开始时的位置，即，$i^4=1$。但是，黎曼试图区分这两个点。为此，他生成了多重复平面，这些复平面相互穿插，形成螺丝锥的结构。

罗巴切夫斯基的新公设可以解释如下：想象一条无限延长的直线，取直线外一点。欧氏几何学的第五公设表述为，过该点能够且只能做一条与已知直线平行的直线，罗巴切夫斯基认为，过该点可以做多条直线与已知直线平行。这里两条直线平行，意味着两条直线不相交。用数学术语来表示这一公设，会产生奇特但却自相容的几何学。事实上，根据“平行性观点”的不同，存在无穷多个这样的几何学。

高斯没有对罗巴切夫斯基的工作给以充分的肯定，他的理由可能是想对他的朋友F. 鲍耶显示自己的公正。F. 鲍耶的儿子J. 鲍耶（Janos Bolyai，1802—1860）与罗巴切夫斯基同时创建了非欧几何学。F. 鲍耶是匈牙利乡村的数学教师，并致力于证明第五公设。当他的儿子继续他本人的工作时，他对儿子能否成功感到绝望，因此写信和儿子说：“我恳求你看在上帝的面上，放弃这一研究，不要逞一时之快。它会浪费你的时间，夺取你的健康、你内心的平静和你的幸福。”然而J. 鲍耶却被父亲的这封信所激励，继续他的研究，并于1829年得到了实质上与罗巴切夫斯基一样的结论。

J. 鲍耶创建了被他称为“空间的绝对科学”的非欧几何学，并附在父亲老鲍耶的一本书中发表。这一成果于1829年得到。这正是罗巴切夫斯基发表论文的同一年。但是，这一成果直到1832年才出版。由于他的文章只是作为一本普通数学书的附录，很容易被世人忽视。好在F. 鲍耶是高斯的朋友，F. 鲍耶把这一附录寄给了高斯。高斯的回应是，对J. 鲍耶的工作给以肯定，但是回避公开支持他的研究。原因是赞扬J. 鲍耶就会被人认为是赞扬他自己，因为几年前他本人也有过同样的想法。这对 J. 鲍耶是一个重大打击，也毁了他的一生。他害怕自己的研究被人抄袭，拒绝发表其他任何内容。

高斯不愿意承认罗巴切夫斯基和 J. 鲍耶二人的工作，这显得有些无理。是的，高斯对这些问题确实曾有过一些想法，但没有事实证明他曾经探索过非欧几何学的本质。如果这样的数学大家能伸出帮助之手，就能挽救 J. 鲍耶的研究生涯和罗巴切夫斯基的身体健康。高斯本人是从不同的观点考虑这一问题的。当观察一个曲面上的直线时，他

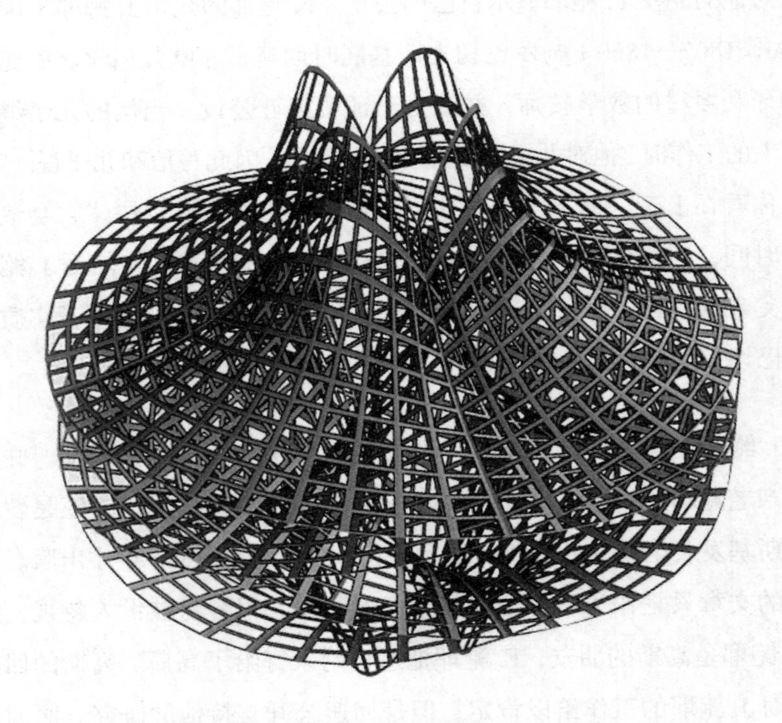

函数$(z^4)^{-1/4}$的黎曼曲面。这里，z 是一个复数。黎曼 1845 年的演讲迎来了前景广阔的新几何学的诞生。黎曼被称为新时代的欧几里得。

得到“一个曲面的曲率与它所用的度量相关”的结论。他证明了曲率与曲面所在空间无关。曲率是与曲面上三角形内角和相关的内在性质。由此可见，这与非欧几何学显然类似。

由于持续了两千多年的第五公设的神话被打破，欧氏几何学的大厦濒临坍塌。虽然欧氏几何学在逻辑上是首尾一致的体系，但它现在只是许多几何学中的一种。因此对它是不是宇宙空间本身的几何学也产生了疑问。由于我们无法从外部了解我们生活的宇宙空间，作为观察宇宙空间的真实几何学的方法，对宇宙空间的内在性质的研究变得越来越重要。几何学面临陷入杂乱无章的危险。这时，一位数学家俯瞰整个几何学，给出了几何学是什么的全新定义。

伯恩哈德·黎曼（Bernhard Riemann，1826—1866）是一位普通牧师的儿子，但他在柏林和格丁根受到了良好的教育，1854 年成为格丁根大学的讲师。格丁根大学要求本校的每位新讲师写一篇就职论文。黎曼的这篇论文是数学史上最引人注目的一篇就职论文。他的题为《关于几何基础的假设》的就职论文，用最通俗的语言阐述了把几何学构建为一门学科。这与欧几里得的尺规法完全不同。黎曼定义几何学为关于流形的一门学科。流形是带有坐标系以及定义了两点间最短距离度量公式的任意维的有界或无界空间（包括无穷维空间）。在三维欧氏几何空间，度量公式由 $ds^2=dx^2+dy^2+dz^2$ 给出。这一公式是毕达哥拉斯定理的微分等价物。这些流形是空间本身，不带外部参考系。这样，任何空间的曲率完全由该流形的内在性质确定。对于黎曼来说，几何本质上是由一个 n 维有序数组的集合与该集合上特定的规则组成。他关于空间的观念推广到几乎不占地方，而变量间的任意关系，都可认为是“空间”。对不带度量的系统的研究，称为拓扑学的数学分支，它研究空间中区域如何彼此相连。

黎曼发明了现在被所有数学家使用的数学工具。平时慎重的高斯第一次对别人的工作大加赞赏。在黎曼扩展的几何观点下，欧氏几何学就是曲率为 0 的几何学，罗巴切夫斯基的几何学是曲率为 –1 的几何学，而球面几何学是曲率为 1 的几何学。虽然黎曼可以看成是新时代的欧几里得，但是人们总是把他的名字与一种非常特殊的几何学联系起来。这一几何学把平面解释为球面的映象。后来黎曼开始研究理论物理。他的度量曲率空间的一般研究，为广义相对论铺平了道路。我

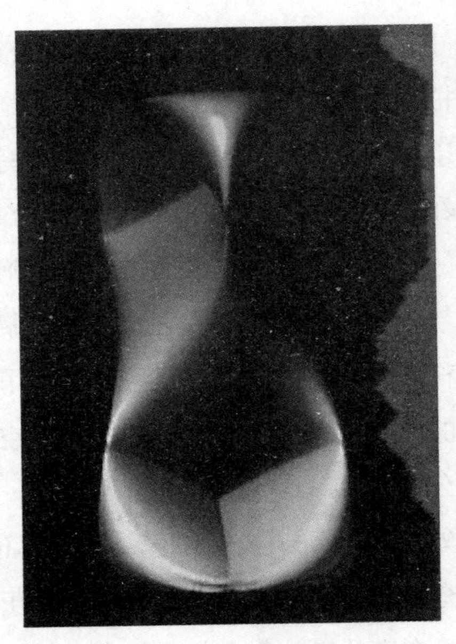

《埃特鲁斯坎的维纳斯：赤色》( 1986年 )。这是一幅四维空间的平面在三维空间动画投影的静态景象，是与克莱因瓶拓扑等价的不同寻常的景象。这样命名是因为此画与维纳斯很相像。

们生活的空间不再是欧氏空间，但是我们现在已经有了探索宇宙的真正几何性质的数学工具。

我发现在几何中存在着一些不完善的地方。我坚信正是由于这些不完善的地方使得几何学从欧几里得到现在都没有任何进展，只是过渡到了解析几何学而已。我认为这些不完善的地方是：首先，几何对象的基本概念是含混不清的；其次，几何对象度量的表示形式和方法的不完善；最后就是平行理论中的巨大漏洞。迄今为止，数学家们为填补这些漏洞所做的努力都是徒劳无功的。

罗巴切夫斯基，《平行理论》，1840年

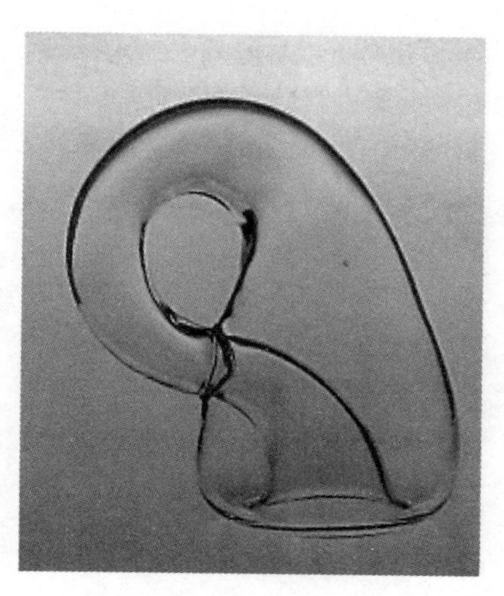

一个玻璃制的克莱因瓶。它只有一个面，而且没有边界。很难在三维空间展示克莱因瓶。但是，我们可以想象这一拓扑空间的表面穿过了它自身，我们可以从这里穿过去。

# 第十七章 代数语言

*Dialects of Algebra*

$$H = a\begin{bmatrix}1 & 0\\0 & 1\end{bmatrix} + b\begin{bmatrix}i & 0\\0 & -i\end{bmatrix} + c\begin{bmatrix}0 & 1\\-1 & 0\end{bmatrix} + d\begin{bmatrix}0 & i\\i & 0\end{bmatrix}$$

这是汉弥尔顿的四元数的矩阵表达式。这一表达式对量子力学和电磁学是非常重要的。

# 代数语言

在第十一章中，我们已经看到了代数是怎样从几何空间的束缚中解放出来的。我们还看到了，从笛卡儿起，x 与 y 这样的代数符号是怎样表示任意数值以及如何按与算术的法则相容的方式组合起来的。本章回顾代数学在欧洲的发展历程。最初由英国采纳，然后再把形成的方法在欧洲大陆推广。随着代数学不同通用语言的传播，数学到底是什么这一根本问题，再次成为讨论的焦点。

对任意数 x，y 和 z 算术运算的主要代数法则

| | |
|---|---|
| $x+y=y+x$ | 加法满足交换律：两数之和与加数的顺序无关 |
| $x \cdot y=y \cdot x$ | 乘法满足交换律 |
| $x+0=x$ | 加法含有单位元“0”，它使所有的数不变 |
| $x \cdot 1=x$ | 乘法含有单位元“1”，它使所有的数不变 |
| $x \cdot (y+z)=x \cdot y+x \cdot z$ | 乘法与加法相结合 |

英国的数学分析滞后于欧洲的其他国家。大部分原因是由于英国人忠于牛顿的流数术的符号体系，而这一符号体系比不上莱布尼茨的符号体系：dy/dx。英国人对分析学的重新定位虽然在初期受到抵制，但给英国的数学带来了深远的影响。1817 年，乔治 · 皮科克（George

Peacock，1791—1858）在剑桥大学担任荣誉学位考试官时，最终使用微分符号代替了流数术的符号。查尔斯·巴贝奇[①]说，1813 年创建的分析学会的目标，是促进"使用微分符号取代流数术符号"，另一目标是"使世界更合理"。皮科克在他的《代数论》中表明要把代数组建成"一种可论证的科学"。这项工作的第一步是把算术代数和符号代数分开：算术代数是由数和运算符组成的；而符号代数是"关于符号与运算符的组合的科学。这样的组合仅依赖于某些特定规则，与符号本身的特定值无关"。这看起来模糊的陈述却打开了对代数学广泛研究的大门。

凭着坚定的决心和聪明才智，一个完全不知名的乡村中学教师乔治·布尔（George Boole，1815—1864）开始着手写他的第一篇关于数理逻辑的论文。后来布尔成了德·摩尔根[②]的朋友。德·摩尔根在有关逻辑的争论中得到了苏格兰哲学家威廉·汉弥尔顿[③]（Sir William Hamilton，1788—1856）的支持。这里的汉弥尔顿与爱尔兰的威廉·罗文·汉弥尔顿 (Sir William Rowan Hamilton) 不是同一人。这场辩论现在来说并不重要，但它却激励了通过自学成为数学家和语言学家的布尔于 1847 年发表了一篇题为《逻辑的数学分析》的短篇论文。就在同一年，德·摩尔根自己的《形式逻辑》也出版了。两年后，很可能是由于德·摩尔根的支持，布尔被任命担任在爱尔兰的科克新成立的女王学院的数学教授。布尔坚定地认为逻辑应被看成是数学的一个分支而不是形而上学的一部分，而且他还认为逻辑的规则不是来源于一般的语言，而是以纯形式元素构造出来的。只有当逻辑结构形成以后，才有可能用语言来解释。他否认数学只是研究数和量的科学这一观点，而这一观点可以追溯到希腊。但他却支持任何相容的符号逻辑体系都是数学的

①查尔斯·巴贝奇，1729—1871 年，英国数学家和发明家，现代计算机的创始人——编注。

②德·摩尔根，1806—1871 年，英国数学家和逻辑学家，在逻辑研究方面的主要贡献在于制定德·摩尔根定律，以及导致关系论的发展和现代符号逻辑及数理逻辑的诞生所做的基础工作——编注。

③威廉·汉弥尔顿，苏格兰哲学家、教育家，因其在逻辑学方面的贡献而知名——编注。

一部分的观点。这使得我们第一次清楚地认识到：数学不再是单纯地研究数和量的科学，而且还是研究结构的科学。1854年，布尔在他出版的《思维规律的研究》中阐述了上述观点，并建立了形式逻辑和一种新的代数，今天这种代数被我们称为布尔代数。布尔代数实质上是事物一些类的代数。变量x不再表示数，而是表示从一个给定域中选取一个类的智力行为。例如，x可以是"人"的域中"男人"的类。除了附加公理$x^2=x$之外，符号所遵循的规则与算术代数相同。在算术代数中只有0和1满足上述等式。而在布尔代数中，$x^2=x$总是永真的。例如取"人的集合"两次，仍是人的集合。布尔同时也认为1和0有特殊意义：1代表全域，而0代表"空集"。而这些观点引发了当今时代的核心问题：计算机革命。我们将在第二十三章中再论述这一点。

德·摩尔根（Augustus De Morgan，1806—1871）是新代数的坚定

命题1：

在一个语言中，作为推理工具的运算可以由下列元素所组成的符号体系演绎出来：

1.X，Y等的文字符号：表示我们所处理的对象。

2.+，-，×等运算符号：表示把元素组合起来或加以分解，形成新的元素的操作。

3.等号=。

在使用这些逻辑符号时，要遵守定义规则，这些规则有些是与代数学中的相应符号的运算规则一致的，而有些则是不一致的。

乔治·布尔，《思维规律的研究》，1854年

支持者。他出生于印度，就学于剑桥大学三一学院。但是他不被认为是牛津或剑桥学派的一员，原因是尽管他是英格兰教的成员，但是他拒绝参加为获得硕士学位而举行的神学考试。然而，在他 22 岁那年，他被任命为新成立的长期以来一直被称为伦敦大学而后来改称为伦敦学院的教授。他极大地推进了皮科克的思想。早在 1830 年，他就曾叙述道："除了一个例外以外，本章的所有算术或代数的陈述及符号均无具体的意义。符号代数是由符号及符号组合的规则决定的、许多具有不同意义的代数的语法规则。"这里的例外是等号：x=y 表示 x 和 y 必须具有相同意义。这一陈述记载于名为《双重代数与三角学》（1830 年）一书中。这里"双重代数"指的是复数的二元性，以区别于关于实数的"单重代数"。可是，德·摩尔根似乎没有完全抓住机会推广自己的意见。他虽然看到了单重代数和双重代数具有相似性，但他仍然相信不可能存在三重代数和四重代数。后来证明他的这一想法是错误的。

尽管双亲早逝，但汉弥尔顿的才能很早就显现出来。作为一个天才的语言学家，他 5 岁就能读希腊文、希伯来文和拉丁文。他进入了都柏林三一学院学习。22 岁当他还在读大学时，汉弥尔顿就已经获得了爱尔兰皇家天文学家、邓辛克天文台台长和天文学教授的称号。他的一个非常喜爱的研究课题，是空间和时间不可分的相关性。因为几何学是空间的科学，代数学是时间的科学。1833 年，汉弥尔顿在爱尔兰皇家学会的讲演中，对复数 a+ib 作为（a，b）这样的有序数偶，给出了 a+ib 的相加和相乘的几何解释。

$$(a, b) + (c, d) = (a+c, b+d)$$

$$(a, b) \cdot (c, d) = (ac-bd, ad+bc)$$

后来，他试图把二维复数扩展到三维。在曲面上看起来很简单，定义三维复数 $z=a+ib+jc$，而 z 的模为 $\sqrt{a^2+b^2+c^2}$。定义加法运算非常简单，但乘法运算无法进行，因为乘法运算不能交换。为了三维数和高维数，汉弥尔顿耗费了十年的时光。1843 年 10 月 16 日，当他同妻子沿着皇宫边的护城河散步时，突然有了灵感：把二维复数扩展到四元数而不是三元数，并且放弃乘法交换律。这样，四元数被表示成 $z=a+ib+jc+kd$，其中 $i^2=j^2=k^2=ijk=-1$。这意味着 $ij=k$ 而 $ji=-k$，所以不满足交换律，而且整个结构是相容的。这样，一种新的代数产生了。汉弥尔顿停下脚步并把这一公式用小刀刻在了布劳顿桥的石柱上。当天，他通知爱尔兰皇家学会，说他要在下一次会议上宣读一篇关于四元数的文章，他把这一四维数组叫作四元数。

这一重要的发现不仅产生了新代数，而且使得数学能够自由地构造出新的代数体系。这也是他第一次表述了现在我们所知道的非交换代数的理论。非交换意味着：在三维空间中，两个相继的旋转按照旋转的次序的不同可以得到不同的结果。这与二维空间不同。汉弥尔顿的一生都用于研究这一新代数，并于 1853 年发表了《四元数讲义》。他的主要工作是把四元数用于几何学、微分几何学及物理学。我们在下一章将会看到麦克斯韦④用四元数的记号给出了电磁学的方程。汉弥尔顿确信四元数是完整描述宇宙规则的关键。他死于 1865 年，生前未完成《四元数基础》。这部书后来由他的儿子编辑出版。

④麦克斯韦，1831—1879 年，著名物理学家。由于他对物理学许多分支作出根本性的贡献，因此他在物理学家中的名声仅次于牛顿。他所创立的麦克斯韦方程组是电学和磁学中场的基本理论——编注。

这一时期，不仅代数学脱离了几何学的束缚，而且几何学也从空间的概念中解放出来。在第十六章，代数学和几何学都逐渐被作为纯抽象的结构来研究。我们熟悉的算术代数及二维和三维几何都是它们的特殊情况。

在新代数领域中，我们看到了美国数学正慢慢崛起。哈佛大学数学教授和《测地学观察》主编本杰明·皮尔斯（Benjamin Peirce，1809—1890）受到了汉弥尔顿研究的影响，并将汉弥尔顿的研究传播到了美国。皮尔斯构造了 162 种不同代数的表。每种代数从 2 个到 6 个元素开始，将它们用加法运算和乘法运算结合起来，并满足乘法对加法的分配律。每个代数体系都有加法单位元“0”，但不一定含有乘法单位元“1”。这些线性结合代数被表示成矩阵。在 19 世纪 70 年代，作为哈佛大学教授的皮尔斯，也只能借助女士抄写并用石版印刷来出版他的著作。由此可以想象当时美国的经济状况是多么糟糕，正因如此，皮尔斯的著作只印刷了 100 份。皮尔斯的儿子查尔斯·桑德斯·皮尔斯[5]（Charles Sanders Peirce，1839—1914）继承了父亲的工作，证明了 162 个代数体系中只有 3 个体系可以唯一定义除法运算：它们是算术代数、复数代数和四元数代数。再回过头来看英国，威廉·金顿·克利福德[6]（William Kingdon Clifford，1845—1879）创建了现在我们所知道的克利福德代数，特别是研究了主要用于描述非欧空间运动的八元数和十元数。代数发展到这一步已经走了很长的一段路程。

此后，数学将朝沿着交织在一起的不同的方向发展。布尔的追随者将数学应用于逻辑，产生了代数逻辑。皮亚诺以及后来的罗素试图

⑤查尔斯·桑德斯·皮尔斯，美国实用主义创始人。他的研究遍及各种科学、数学、逻辑学和哲学领域——编注。

⑥威廉·金顿·克利福德，英国数学家和哲学家。发展了八元数理论，并将它与更一般的结合代数联系起来——编注。

从逻辑中得到数学：一个可以称为逻辑主义的宏伟计划。另一些人鉴于出现了如此多的新数学结构，开始寻找数学的可靠基础以巩固数学体系。我们将在第二十三章中回顾这些研究。

> 数学具有这样的一些特征：数学是由命题罗列起来的抽象的体系结构；数学的推理极其困难和复杂；数学的结论绝对严密。数学具有广泛的普遍性；数学具有实用性。当我们在考虑问题时，我们可以精确地阐述普遍性问题，但此时，你就必须放弃它的实用性；我们也可以讨论一些实用性问题，但此时，我们就必须放弃理论上的严密性。对于一个范围非常狭窄的学科，我们可以同时保持相当的严密性和实用性，但是数学在如此广阔的领域里既保持绝对严密又具有实用性是不同于寻常的。不难看出，数学的所有这些特征，是关于假设正确性的研究必然导致的结论。
>
> 查尔斯·桑德斯·皮尔斯，《数学的本质》，1870年

# 第十八章 场

## *Fields of Action*

麦克斯韦的《电和磁》（1873 年）中所描绘的两个不同大小的同性电极间的相互排斥所产生的电磁场。

# 场

从 18 世纪中期开始，伴随着数学方法广泛应用于对物理现象特别是物理运动的分析，微积分也在不断地发展。微积分的应用包括了热力学、天体力学、流体力学及对光、电、磁的研究。这些学科都是通过建立描述物理现象的微分方程，以及开发求解这些方程的方法来解决问题的。由于难以求出微分方程的精确解，就把注意力引向近似方法。虽然上述学科所涉及的物理现象看起来是不同的，但它们都或多或少与空间的媒介相关联。特别是从牛顿的《自然哲学的数学原理》开始，人们狂热地争论“作用于一段距离”的真实性。例如重力是如何越过空间发生作用的；重力和磁力是不是同一种类型的力的不同方面，还是完全不同的现象；也许空间充满了被称为“以太”的物质，如果是的话，以太是什么东西，它有什么样的性质，等等。为了解释这些疑问，我们将集中精力考察位势理论的历史以及它与电磁学的关系。

莱布尼茨的微积分被推广到多元函数。这样，与平面上的曲线 y=f(x) 一样，空间中的曲线 z=f(x，y) 也成了研究的对象。于是，人们就有可能引进偏微分方程。在偏微分方程中对每个变量可以独立地对其余变量求导。运动的粒子相互作用，可以表示为微分方程。从该微分方程的解可以得到该粒子运行的轨道。牛顿关于行星沿着椭圆轨道运行的研究结果，只是通过做出例如太阳和行星都是一个质点这样粗糙的假定，每个行星可以与其他行星相互独立地加以处理而得到。现在，最初反对日心说模型和非圆形轨道的论调以失败告终，而开始建立更加精确和完善的轨道模型。其中一个方法是着眼于动力系统中能量的变化，而位势理论就是表示能量守恒这个物理观念的数学方法。

天体力学要关注的一个重要现象是，行星毕竟不是沿着完全为椭圆的轨道运行的，而是在这一轨道上摇摆着行进。事实上，越来越多的精确数据表明，太阳系的所有星球都偏离光滑的轨道。由此人们开发了摄动理论。在该理论下，一个行星轨道不仅与它和太阳间的相互作用有关，而且也与它和其他行星之间的相互作用有关。这就使得使用数学进行分析极其困难，因为人们需要考虑的变量太多了。人们重点探讨了三体问题：把太阳系简化成只有太阳、地球和月亮的体系。在这一体系下，我们得不到精确的解。1747 年，欧拉开发了一个新方法：行星间的距离可以用三角级数展开式来近似。

这就是欧拉的《无穷小分析引论》所研究的主要问题。莱昂哈德·欧拉（Leonhard Euler，1707—1783）是历史上最多产的数学家。在巴塞尔大学，欧拉得到了约翰·伯努利[①]的特别指导（伯努利家族在几个世代产生了许多优秀的数学家，是一个数学家族）。从 1727 年起，欧拉加入了由叶卡捷琳娜二世刚刚创建的圣彼得堡科学院。1733 年，约翰·伯努利的儿子丹尼尔·伯努利回到家乡巴塞尔，把圣彼得堡科学院教授的职位让给了年轻的欧拉。一年后，欧拉结了婚，后来他成了 13 个孩子的父亲，但是只有 5 个孩子活到了成人。他后来说，他的一些最重

①约翰·伯努利，1667—1705 年，瑞士数学家，变分法创始人之一，用微积分确定曲线的长度和面积，对微分方程理论也有贡献——编注。

要的发现是抱着孩子及在孩子的喧哗声中得来的。而且，他的视力严重衰退。1740年，他的一只眼睛已经失明，1771年双目失明。1741年，他应普鲁士腓特烈大帝的邀请来到柏林，并于几年后担任新成立的柏林科学院第一任数学研究所所长。欧拉于1766年回到圣彼得堡。尽管当时他的双目已近乎失明，但他的大部分研究是在此之后凭着富有献

赖特，《建立在自然规律上，以数学原理解释有形世界的一般现象的宇宙新颖理论》（1710年）中的一幅画。这幅画表现了宇宙无穷的思想，每个宇宙的中心有一个神的眼睛。

身精神的助手们的帮助以及他非凡的记忆力完成的。

欧拉的数学成果实际上囊括了所有的数学领域，其中包括制图法、造船术、历法及金融等应用性质非常强的领域，但是他的成名作是《无穷小分析引论》（1748 年）、《刚体运动理论》（1765 年）及在微积分学中的研究成果。他的研究工作为数学分析及分析力学奠定了基础。数学中所用的函数符号 f(x) 及现在通用的圆周率“π”、自然对数的底“e”、–1 的平方根“i”、求和符号“Σ”等，都是欧拉首先提出并开始使用的。他认为在对自然现象的建模过程中，几何学、数论和分析学相辅相成共同发展。

使用摄动理论能得到更精确的行星轨道，但同时在理论上也产生了许多麻烦，那就是行星没有理由停留在现有的轨道上。小小的摆动很容易被增幅，并使行星完全离开它的轨道，就好像还需要一个天使让行星维持在它们原有的轨道运行上一样 ( 到了 20 世纪，人们发现能够用混沌理论解释太阳系动力学。请参阅第二十四章 )。用来描述行星运动的方程变得越来越多而且越来越复杂。在法国，人们更喜欢用分析方法而不是用几何方法来研究行星运动，从而产生了更多的难以处理的方程。分析方法以拉格朗日（Joseph Louis Lagrange，1736—1813）为代表。拉格朗日建立了“拉格朗日方程组”。拉格朗日的长达五百页的《分析力学》(1788 年 ) 一书中没有一个图。1799 年，他发表了系列著作《天体力学》的第一卷。该卷着重讨论了位势理论和摄动理论。法国科学家的许多成果产生于法兰西革命时期，那时很多数学家都受到了政治动乱的干扰。青年柯西（Augustin Louis Cauchy，1789—

1857）由于全家暂时离开了巴黎，侥幸逃过了法兰西革命的最坏时期。从巴黎工学院毕业后，柯西在为拿破仑入侵英国而做港口的疏通工作，但是他更希望能集中精力研究数学。经过几番周折，他终于在法国巴黎工学院得到了助理教授的职位。

柯西是一个多产的学者。其中最著名的著作有《无穷小计算讲义》（1821年）和《微分学教程》（1829年），而他的全集多达二十七卷。但是在19世纪早期的法国的政治环境下，柯西一直没有改变他的天主教信仰，因此他与同事之间的关系一直很紧张。由于为了支持耶稣会而与法国科学院发生了冲突，在1830年又拒绝宣誓效忠新君主，他的教授职位被剥夺并且与查理十世同时被流放。返回巴黎后，虽然他是法兰西学院数学教授职位的最佳人选，但仍两次落选。只是当1848年路易斯被推翻后，柯西才又重新成为工学院的教授。在1840年到1847年之间，柯西发表了长达四卷的《数学物理分析》。这一研究奠定了实分析和复分析的基础，而实分析和复分析又是数学物理的基础。

法国人利用截取幂级数来得到近似函数，并希望通过保留更多的项来取得更佳的近似的想法，受到了许多寻求更加可行的方法的人的批判。例如1860年后期，查尔斯·德洛内②在他发表的一篇文章中给出了一个占据了一整章的大方程，并给出了近六十种估计它的项的方法。1834年，汉弥尔顿向皇家学会提交了一篇论文，在该文中他提出了“汉弥尔顿方程”。汉弥尔顿使用一个特征方程来刻画在一个能量场内任意多个质点的运动。不仅如此，汉弥尔顿自己也解释道，他的表达式（方程）产生了一种解法，该方法不同于拉格朗日的求解方法，

②查尔斯·德洛内，1816—1872年，法国数学家和天文学家。他的月球运动理论对行星运动理论的发展起了关键性的作用——编注。

而拉格朗日的方法在求解过程中往往行不通。从19世纪中叶开始，黎曼将位势理论的方法及术语用于几何学的研究中（第十六章）。这个被称为微分几何的新领域把微积分的概念扩展到三维空间。在那里，点、曲线、面这样的几何对象可以用向量描述，并且可以使用函数及作用于函数上的算子来刻画像速度、加速度以及能量等动力学概念。例如对于一元函数f(x)，只定义了对变量x的导数，而对三元函数f(x，y，z)，则定义了三个不同的向量算子。这些算子是：梯度算子（记为grad）、旋度算子（记为curl）和散度算子（记为div）。实际上，在一个动力系统中的每一个变量，都可被认为是这个系统中的“一个维”。黎曼对于高维空间的研究，使微分几何学成为在一个统一的框架中刻画物理系统的理想工具。正是使用了微分几何，麦克斯韦表述了他的电磁学理论。

19世纪中期，产生了许多关于电和磁的实验和理论结果。18世纪80年代，查尔斯·库仑[③]通过实验发现两个电荷间的引力与两个电荷的乘积成正比，与两者的距离的平方成反比。科学家们可以将在对重力的研究中得到的一些模型和方法，应用到静电现象中去。1812年，泊松利用与上一世纪拉普拉斯的《天体力学》类似的方法研究了静电现象。他设想电流是由存在于所有物体中的相反电荷的两种流体形成的，同性电荷相斥，异性电荷相吸。第二年，他推导出了刻画电势和电荷密度间的关系的偏微分方程。该方程被称为泊松方程。1820年奥斯忒[④]通过带电的电线能使磁针摆动这一现象发现了电磁学。这激发了安培研究电与磁之间的相互关系。对这一研究他采用了“电动力学”这一术语。安培使用数学方法证明了一个定律：同静电力一样，电磁

③查尔斯·库仑，1736—1806年，法国物理学家，以制定库仑定律最为著名——编注。

④奥斯忒，1777—1851年，丹麦物理学家和化学家，发现电流流过导线时能使磁化的罗盘针偏转，这个现象的重要性很快获得公认，推动了电磁理论的发展——编注。

力也满足平方反比。法拉第电磁感应的发现表明了电与磁之间是紧密相关的。但当时的物理理论还无法对此做出恰当的解释。例如安培提出的以太中微小的电力涡动是磁力传播的机制这一观点，将会碰到与笛卡儿在研究行星运行的涡动模型时所遇到的类似问题。

通过分析地球和月亮间的相互作用力，天文学家们清楚地认识到：由于两个球体的大小及它们之间的距离，已不能把它们作为质点来考虑，而是应该考虑整个球体间的相互影响。从地球上的一点看，月亮的引力效应与月亮的体积或质量及形状有关。物体在内部和表面的受力关系在数学上被处理为体积分和面积分的关系。这一关系于 1828 年被表述为格林定理。乔治·格林[⑤]中年开始到剑桥大学学习数学，后来成为该校的研究员。格林定理是关于电磁位势的定理，但也可以用于引力位势。

1873 年，继法拉第之后，麦克斯韦发表了论文《电和磁》，论文中的主要概念是电场和磁场。麦克斯韦试图避免被卷入关于以太本质

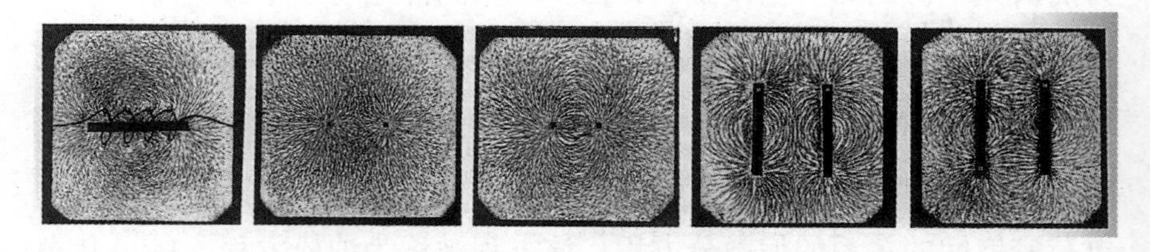

塞尔瓦努斯·汤普森（1851 年～1916 年，英国物理学家、科学史家。以对电气机械、光学和射线方面的贡献闻名——编注）于 1878 年拍摄的磁力线。磁场由位于平面上的或穿过平面的带电电线生成。 19 世纪中期产生了许多关于电和磁的实验和理论结果。

⑤乔治·格林，1793—1841 年，英国数学家。试图制定电磁数学理论的第一人，以此宣告了英国现代数学物理的开端——编注。

和空间的真正本性的争论中，采用自上而下的方法。该理论回避了依赖诸如电荷、电流这样的不易理解的微观概念，而是采取了宏观的途径：他假设了场的存在以及在到处运动时场与场之间、场与媒介之间存在着相互作用。麦克斯韦认为空间是一个具有弹性的连续体。因为空间是连续的，所以运动能够从一点到另一点传递；又因为空间是有弹性的，所以媒介本身可以存贮动能和势能。他大量地使用了位势理论和微分几何学，并最先分别用汉弥尔顿的四元数符号及笛卡儿的等价形式写出了他的方程。而正是亥维赛给出了我们现在使用的矢量形式的麦克斯韦方程。

麦克斯韦的理论及表示形式并没有马上获得成功。对于麦可斯韦的场论，汤普森指责麦克斯韦为“神秘主义者”，这使得人们联想起当牛顿提出重力时所受到的遭遇。这一时期对空间本质的认识比较混乱，而许多物理学家将麦克斯韦方程应用于自己的研究中。1861 年，麦克斯韦推算出电磁波的速度与光速非常接近，从而促使他把光作为电磁波谱的一部分。1888 年，赫兹通过实验验证电磁波谱的存在，从

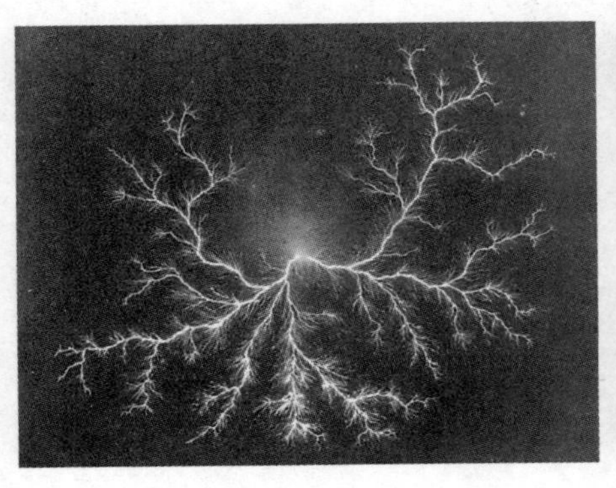

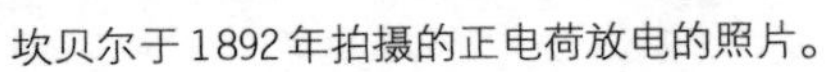
坎贝尔于1892年拍摄的正电荷放电的照片。

而证明了麦克斯韦理论的正确性。在同一时期，迈克耳孙[6]和莫雷[7]的实验证明了如果存在以太，那么当运动穿过它时，不管运动的物质是一个行星还是一束光线，媒介将不受影响。在实验证据面前，对于相隔一段距离的物体间的相互作用的早时的异议就完全消失了。1905年，爱因斯坦对时间和空间的观念重新进行了探讨。

麦克斯韦方程早期被应用于电报和无线电通信。亥维赛将麦克斯韦方程应用于电报学，考察了被别人忽视了的传输线里的自感应效应。这项研究促进了感应线圈的产生。感应线圈被用于横跨大西洋的电缆中，以便对信号进行增幅。1902年，马可尼成功地将无线电信号传到了大西洋彼岸。这给数理物理学家们提出了电磁波是如何在沿地球的大气层中传播的这一问题，特别是当接收器与发送器相距很远时，电信工业自开创以来从未停止过前进的步伐。

⑥迈克耳孙,1852—1931年，第一个获得诺贝尔科学奖的美国人，以测定光速和研究地球相对其周围空间的运动的迈克耳孙—莫雷实验而闻名——编注。

⑦莫雷，1838—1923年，化学家，因同迈克耳孙合作，企图通过假想的以太来测量地球的运动而著名——编注。

# 第十九章 追踪无穷

*Catching Infinity*

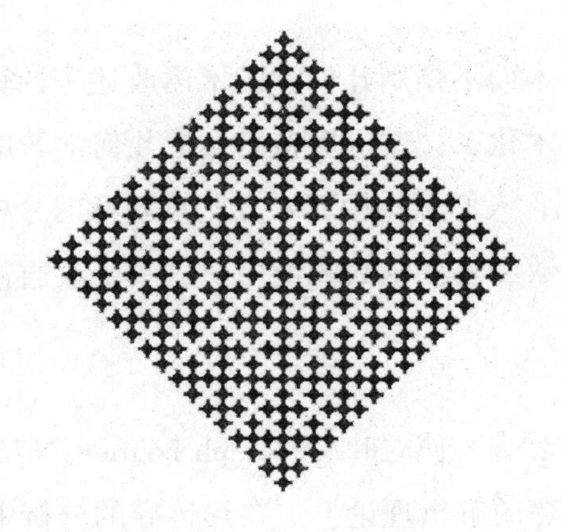

1890年，意大利数学家、逻辑学家皮亚诺（Giuseppe Peano，1858—1932）提出了一条充满整个平面的折线而令同时代的人们感到震惊。也就是说，一个一维物体可以覆盖二维平面。这就是一个例子。

# 追踪无穷

纵观历史，数学家和哲学家们一直对无穷这一概念争论不休。希腊人一次又一次表现出对无穷及无穷小的恐惧。特别是在微积分的定义中更是如此。到了19世纪，我们终于要正视这些问题。许多数学分支都是通过整合许多人的研究工作而发展起来的。但是，战胜无穷这一怪兽并最终建立起集合论基础的只有一个人，他就是格奥尔格·康托尔[①]。他广泛使用无穷级数及对其有效性的疑虑促使了集合论的研究。

柯西是用算术而不是用几何学的术语改述了计算的基本概念（这被称为计算的算术化），这一反希腊人把几何学看成是最严密的学科的观点。19世纪，人们开始用算术方法重新考虑分析学。其中一个主要原因是多元函数和复变函数的使用。这些函数通常是无法用几何来表示的。

1822年，约瑟夫·傅立叶[②]（Joseph Fourier，1768—1830）出版了他的经典著作《热的解析理论》。在热传导的分析中，傅立叶利用傅立叶级数求解热传导中的微分方程。傅立叶认为，任意函数都可以表示为正弦和余弦的无穷级数，不仅是光滑函数，即便是不连续或间断函数也同样如此。然而，有些人开始怀疑这样的无穷级数是否收敛于

①格奥尔格·康托尔，1845—1918年，德国数学家，创立了集合论——19世纪数学最伟大的成就之一——编注。

②约瑟夫·傅立叶，法国数学家，也是知名的埃及学学者和行政管理人员。其对数学物理的研究和实变函数理论的发展有很大影响——编注。

它所表示的函数。狄利克雷[③]证明了只有在某些限制下这一结果才能成立，而且他同时还推广了函数的概念。他认为关于 x 和 y 的任意规则都是函数，不一定要有解析表示或等式。作为例子，他构造出了一个“病态函数”：如果 x 是有理数，则定义 y=a；如果 x 是无理数，则定义 y=b。这一被数学家们称为病态的函数在每一点都不连续，因此处处不可导。但是，讨论集中于该函数是否可积，为了解决这一问题我们需要给出无理数的确切定义。

在加速度的分析中，伽利略提到了自然数的无穷序列 1，2，3……及自然数平方的无穷序列 1，4，9……。两个序列的元素间存在一一对应关系，因此，两个序列应该有同样数目的元素。但是第二个序列中缺少了一些自然数，所以第二个序列所含的项数应该少于第一个序列。两种无穷可能是同类的，也可能是不同类的。

伯恩哈德·波尔查诺（Bernhard Bolzano，1781—1848），一位布拉格牧师，提出了一个有趣的想法，但遗憾的是，这一想法很久以后才被人们发现。他研究了与柯西非常相似的计算算术化问题。柯西在布拉格的流放期间见过波尔查诺。在波尔查诺死后的 1850 年出版的《无

③狄利克雷，1805 年—1859 年，德国数学家，对数论、分析学和力学作出了宝贵贡献——编注。

穷的悖论》中，他指出：像伽利略所发现的那样的悖论不仅在自然数中存在，而且在实数中也存在。例如一条单位长度的线段上的实数个数与长度与它两倍长的线段上的实数个数相同，这却与直观不符。这位波希米亚的哲学家似乎眼看就要发现自然数无穷的意义与实数不同了。他在增加病态函数数量方面也作出了贡献。这类函数的增多，成

大卫·希尔伯特（David Hilbert，1862—1943，德国数学家，长期在格丁根大学任教，发展了有关不变量的数学）提出了一个类似于皮亚诺的充满空间的折线，但他给出的是一条充满了一个三维立方体的一维的折线。这种与直观相反的思想，使数学家们进一步深入地观察了数的本性、空间的概念以及关于无穷的模糊概念。

功地打破了已有的微积分法则。

数学家们对函数和数的性质的关注并非偶然。如果一个函数 y=f(x) 能被表示成无穷级数，例如傅立叶级数，那么就要验证对于变量 x 每一个值，级数都收敛于 f(x)，即所谓的点点收敛。由于对每个级数验证是否收敛是繁琐的，因此人们提出了各种收敛准则。所有这些准则都需要数学家们对数的无穷序列的收敛有一个明确的认识。由于柯西对现行的无穷的概念很讨厌，以至于不慎陷入了循环论证，把无理数定义为有理数的极限，而在另一处却又做了相反的定义。卡尔·维尔斯特拉斯④试图摆脱无理数对极限的依赖，寻求把无理数定义为序列本身而不是序列的极限。

与此同时，黎曼重新阐述了积分的概念，我们至今仍在大学本科教学中使用它。前述的狄利克雷函数在黎曼的定义下仍然不可积。黎曼还加入了寻找病态函数的游戏中，并且找到了一个这样的病态函数：这一病态函数在无穷远点不连续，但是该函数不仅可积，而且它的积分是一个连续函数，然而它在同一无穷远点却不可导。微积分的基本定理是否成立仍是个问题。我们仍然需要真正理解什么是无理数，并给出实数的明确定义。到了 19 世纪 50 年代，人们开始用两种不同方式对实数进行划分：有理数和无理数，以及代数数和超越数。有理数是形为 m/n 的数，其中 m 和 n 是整数；无理数是像“$\sqrt{2}$”、圆周率“π”这样的非有理数。代数数是能够成为整系数有限次多项式方程的解的数，因此包括像“$\sqrt{2}$”这样的数，但不包括“π”；超越数则是非代数数。我们可以马上意识到无理数和超越数是用“非”或“不是”

④卡尔·维尔斯特拉斯，1815—1897 年，德国数学家，现代函数论的创立人之一——编注。

这样的字眼来定义的，所以我们仍不清楚它们到底具有什么样的本性。1872 年，理查德·戴德金[5]（Richard Dedekind，1831—1916）和康托尔 (Georg Cantor，1845—1918) 同时发表了关于这一问题的研究论文。同年，他们成了好朋友。他们都是在不大有名的大学工作。戴德金工作于家乡的不伦瑞克工学院，而康托尔工作于哈雷大学。但他们的研究却对数学界产生了重大的影响。

戴德金考虑的是在给定连续实数轴上有理数与无理数的区别。例如莱布尼茨认为，一条线上点的“连续性”与它们的密度有关。“一个点集是稠密的”是指任意两点之间总是存在另外一个点。然而，有理数也具有稠密性，但它不是连续的。戴德金没有继续去寻求如何把点黏合在一起以构成连续统的方法。他选择了另外一条途径，即在线段上定义分割来建立连续性。把数轴想象成无限长的管子，管中按顺序塞满了有理数；一种分割把这个管子切成 A 和 B 两个部分，并把管子的两个截面露在外面，这就是集合 A 和 B 的端点。通过观察两个截面，如果截面上有数字的话，我们可以读取截面上的数。如果任何一个截面上都没有读到数，那么我们就说实现了一个无理数的分割。用这种方法，戴德金利用集合 A 和 B 定义了无理数，而不是把无理数作为一个序列。这样就可以用算术语言而不是用不完善的几何概念来形式化地描述连续和极限的性质。后来，罗素 (Bertrand Russell，1872—1970) 注意到：两个集合 A 和 B 可以相互定义，因此，在逻辑上，我们只需要其中的一个。这样一个无理数可以仅用集合 A（或 B）来定义。

回到无穷性的问题，戴德金从波尔查诺的悖论看到的不是一个异

⑤理查德·戴德金，德国数学家。借助于算术的概念重新定义了无理数，并在代数数论的创建工作中提出了数域、环、理想等基本概念——编注。

常情况，而是一个无穷集合的定义。他意识到，如果一个集合与它的一个真子集类似，即该真子集与原集合之间存在着一一对应，那么它就是无穷的。例如{2，4，6，8，…}是集合{1，2，3，4，5，…}的一个子集，并且它们之间存在着一一对应。在戴德金出书两年后的1874

这些反射球是自相似的例子。中心的球萌发出半径为其一半的小球，小球又生出更小的球，如此下去。持续这一过程，这一图形的表面积趋向无穷，而其体积保持有界且有限。

年，康托尔结婚。在蜜月旅行中，他带着新娘到了瑞士中部的印特拉肯，在那里他见到了戴德金。在同一年，康托尔发表了一篇具有革命性的文章，他同意戴德金无穷集合的定义，但他也指出不是所有的无穷性都是一样的。

康托尔的研究基于这样的事实：任何可以与自然数集合的某一个子集存在着一一对应关系的集合都是可数的。对于有限集合来说这是显然的，而康托尔把可数的概念扩展到无穷集合。所有自然数组成的集合本身是可数无穷的，并且任何与其一一对应的无穷集合也是可数无穷的。例如虽然整数是向正负两个方向趋向无穷的，但是因为我们可以对整数集合重新排列，使其成为集合 {0，–1，1，–2，2，…}，所以整数集合也是可数无穷的。正如有限集合都有一个基数（集合的大小）一样，康托尔对每个无穷集也定义了势。如果两个无穷集之间存在着一一对应，则它们的势一样。上面我们提到有理数集是一个稠密集，而整数不是。因为在相邻整数之间并不存在其他整数，如在 1 和 2 之间没有其他整数。看起来有理数集合的势要比整数集合的势大。然而，1873 年，康托尔发现并非如此。通过巧妙地排列有理数，他找到了证明有理数集合和整数集合一一对应的方法。

根据这一结果，有些人开始考虑数的所有无穷集合都具有相同的势。康托尔利用他的著名的对角线法证明了并非如此。他假设在 0 和 1 之间的实数是可数的，并且能够按着顺序给出并表示成无穷小数。例如 0.2 被表示成 0.199999……。然后，他构造了一个这样的数，这个数与第一个实数在第一位不同，与第二个实数在第二位不同，依此类推。

这是一个与所有列出的实数都不相同的数。这与所有 0 和 1 之间的数都能被列出相矛盾。因此实数是不可数的。实数集的势比有理数集的势要大。另外，康托尔还证明了比有理数更一般的代数数的集合的势与自然数集的势也一样。由于超越数的存在使实数密集，变得日益明显，从某种意义上来讲，绝大部分的数都是超越数。

以前甚至没有人刻意去研究超越数。1851 年，刘维尔证明了超越数确实存在。直到 1882 年，我们的老朋友圆周率“π”才被林德曼[6]证明是超越数。由此对是否能用圆规直尺的方法解决化圆为方这一古老问题给出了否定的回答。不仅如此，康托尔还给出了更多令人振奋的结果。

1877 年，在写给戴德金的一封信中，康托尔证明了戴德金的猜想：由任意线段中的点所组成的集合的势相同。因此，单位线段与整个数轴具有相同个数的点。更加令人惊奇的是，康托尔发现的这一结果与维数无关。单位线段与单位正方形或单位立方体等都具有相同个数的点。实质上单位线段与整个三维空间具有相同个数的点。康托尔本人在信中还说“我发现了这一结果，但我不相信它”。不幸的是，许多人对此也持有异议。

1895 年，康托尔提出了一类全新的数，即所谓的超限基数。他把可数无穷记为$\aleph_0$，把第一类非可数集——实数集——的势记为$\aleph_1$。于是产生了一个超限数的无穷序列，每一个超限数都是由前一个集合的幂集组成的。康托尔还提出$\aleph_1$与实数集合等价。这被称为连续统假设，

⑥林德曼，1852—1939 年，德国数学家。
著有《论数 π》——编注。

至今仍悬而未解。

尽管做出了如此突破性的工作，但是康托尔一直没能在他所期望的柏林大学的教授岗位上就职。主要的原因是他与老师克罗内克[7]之间有公开对抗的关系。克罗内克激烈地反对康托尔所创的数学新分支。他的感言是："上帝创造了整数，其他一切都是人为的。"当1882年戴德金拒绝与康托尔一起到哈雷大学工作时，康托尔和戴德金的友谊一度中断，而1897年当两人在一次会议上见面时又重归于好。戴德金似乎非常满意他家乡的环境，他花费了大部分时间编辑整理了狄利克雷、他的老师高斯以及他最敬佩的同龄人黎曼的著作。康托尔一直留在哈雷大学。1884年，他得了精神病，这种病在他的晚年多次复发。他退休后马上就爆发了战争，并于1918年死于哈雷的精神病医院。然而，康托尔在活着的时候就看到他的思想得到了应有的重视。他的工作是"数学思想最惊人的产物"，20世纪早期的数学领袖希尔伯特这样说道。而且他还说，"没有人能把我们从康托尔创造的天堂中赶出去"。康托尔的工作在数学的许多分支都起了重要作用，包括用集合测度给出的积分理论的新观点。这也正是康托尔研究的出发点。按照这一积分理论的观点，狄利克雷函数的积分得到解决：答案是b。

⑦克罗内克，1823—1891年，德国数学家，主要贡献在方程论和高等代数。克罗内克函数是为了纪念他而命名的——编注。

# 第二十章　骰子与基因

*Of dice and Genes*

$$P(x) = \frac{1}{\sigma\sqrt{2\pi}} e^{-(x-\mu)^2/2\sigma^2}$$

$$\int_{-\infty}^{+\infty} P(x)dx = 1$$

这一等式表示高斯分布。它以表示人口特征分布可变性的钟形曲线而著称。它又称正态分布，因为它是标准化的，即所有人口都在分布的范围内，在数学上用积分等于 1 来表示。

# 骰子与基因

数学家们从 17 世纪起开始研究概率论，但对排列与组合的研究却有更悠久的历史。印度人，特别是公元前 300 年左右的耆那数学家，开始对排列与组合显示出了极大的兴趣。耆那数学家是出于宗教的原因研究排列与组合的，而后来的数学家则是为了分析比赛的概率而研究这一课题的，即预测可能出现的结果及建立公平的游戏规则。由于概率论和统计学交织在一起，人们研究出同时可以应用于物理世界和社会科学中的分析数据的新方法，尽管研究总是与游戏相关联。启蒙时期的统计学被认为是指导公共利益准则以及确保道德公平和社会公平的数学方法。

耆那教起源于印度，与佛教基本是同一时期的产物。耆那数学文献记载了公元前 3 世纪或 4 世纪的耆那数学的发展。耆那人对处理数字有着特殊的兴趣，并且发明了表示极大数的方法。他们讨论了不同类型的极大数及生成这些数的方法，还讨论了以不同形式来组合非常多个对象的方法。他们利用组合五官感觉的方法来研究这一问题。在《吠陀》梵文文献中，我们还发现了关于排列的研究，这些研究所涉及的都是在祈祷及诗文中安排音节的排列方法。9 世纪，耆那数学家大雄 (Mahavira，约 850 年 ) 拓展了这一研究，给出了现在所用的排列与组合的规则。

排列与组合的研究现在被称为组合数学。13 世纪后期，加泰隆哲学家及神秘主义者勒尔（Ramon Lull，1232—约 1316）将组合数学应用于宇宙论及神秘主义。但是，他的著作似乎被许多数学家所忽视。赌博推动了组合数学的发展。但丁的《神曲》论及了冒险游戏。该游戏使用了三个骰子，一个人掷骰子，另一个人猜骰子上点数之和。在 13 世纪由假冒奥维德所写的一首诗给出了 56 种不同的骰面组合。这些工作引发了许多关于游戏的数学规则的评论。这一主题的“史前阶段”可能是以卡尔达诺的《骰子游戏》为终止的标志。该书出版于卡尔达诺死后的 1663 年，但它写于一百年前，讨论了在骰子游戏及纸牌游戏中如何合理地下赌注。

帕斯卡与费马于 1654 年的通信，使概率论进入了一个新的阶段。他们讨论了赌徒的点数问题。这一问题是进行赌博的两人之间在赌博过程中如何下注的问题。这一问题也曾经被许多意大利文艺复兴时期的数学家研究过，包括帕乔利、卡尔达诺及塔尔塔利亚，但没有一个人给出过完满的结果。费马提出了一个方法，就是列出所有可能结果，然后每次都为完胜者记数。当游戏的局数增加时，这一方法的计算量也快速增加。而帕斯卡提出了预测的方法。帕斯卡在《算术三角形》一书中，阐明了帕斯卡三角形中的数字与所需要的组合数之间的关系。帕斯卡三角形的每一行给出相应的二项式展开的系数。例如第三行给出了数（1，3，3，1），它们是 $(a+b)^3=a^3+3a^2b+3ab^2+b^3$ 的系数，第二个数 3 是指 $a^2b$ 有 3 种组合，即 aab，aba，bba 三种情况。因此，利用帕斯卡三角形的适当行，帕斯卡可以快速地决定赌注的分配问题。如果玩家 A 需要赢两局，而玩家 B 需要赢三局，那么两个人一定在四局内决出胜负；从帕斯卡三角形中的第四行的数（1，4，6，4，1），确定赌注应该以（1+4+6）:（4+1）即 11 :5 的比例分配。

这样的问题通常是以比的形式来讨论的，而不是用概率的形式。对取值于 0 与 1 之间的概率的最早理论研究，出自伯努利的《猜度术》，该书出版于伯努利死后的 1713 年。伯努利还指出可以通过观察发生的频率来估计概率，并寻求建立获得高可信度来评估概率所需实验次数的上限。不幸的是，为了满足这样苛刻的条件，需要做大量的实验。例如为了确定盒子里颜色球的比，如果可信度为 99.9%的话，那么需要做 25 500 次实验。计算实验次数的过程被德・莫维热改进，他以二项式展开的极限的形式给出了正态分布，并且给出了用实验值逼近真概率时，所需的更加合理的实验次数的上限。德・莫维热出版了《年金》一书的各种版本。在书中，他把上述发现应用于确定养老金金额及生命保险政策上。将概率方法运用于人口统计的推动力，则是来自不同的方面。在这里我们再次把视线转向星空。

试图寻找精确的行星轨道的天文学家们需要依靠大量的观测，而这每一次观测都容易有误差。因而，每一次测量都会给出行星略有不同的轨道方程，而且不清楚用什么样的方法来确保从给定的数据集合中计算出最精确的行星轨道。开普勒和伽利略两人致力于这一问题的研究。解决这一问题的根本思想，是寻找使总体误差为最小的曲线。1805 年，在《确定行星轨道的新方法》一文中，勒让德阐述了用最小二乘法给出这一曲线的方法。1809 年，高斯发表了《天体沿圆锥曲线绕日运行运动理论》一文，在文中他声称从 1795 年他就开始使用了最小二乘法，从而引发了高斯与勒让德谁是最先发现最小二乘法的争论。高斯似乎在 1801 年使用了这样一个方法来计算新发现的小行星谷神星的轨道。在计算这一轨道时，他仅仅使用了前几年所得到的不精确的观测数据。他还指出了误差分布是高斯分布，也称正态分布。高斯推广了德·莫维热的早期研究成果。高斯依据的是，高斯分布是使平均观察最可能的分布。拉普拉斯得到了更强的关系：不管个别测量的误差分布是什么样的，它们的平均分布都趋向于正态分布。他还证明了勒让德的最小二乘估计也趋向于正态分布。天文学家们很快就意识到这一方法的有效性。特别是正如人们已知的那样，天文观测中的误差是固有的，它不仅仅是由仪器的局限性引起的，同时也与当星光穿过不稳定的大气圈时所产生的失真有关。1812 年，拉普拉斯发表了他的巨著《概率的分析理论》，该书综合了直到当时为止概率论的所有发展成果。在随后的 20 ~ 30 年中，该书是概率论的主要教科书。

在社会环境中，概率论被看成是“理性行为的微积分”。1814 年，拉普拉斯说，概率论是减少计算的灵丹妙药。启蒙运动时期的数学家们认为开明的人采取理性的行为，而概率可以为大众提供一个可定量化的尺度，利用这一尺度，人们至少可以效仿英才们的见识。概率论的目标是为人类行为制定一个普遍的标准。对博弈的研究仅仅是为了寻找在不确定的环境下做理性判断的工具。例如拉普拉斯等人将概率运用于确定陪审团人数的问题上。然而，另外一些思想家不完全同意法国大革命的理性主义世界观。约翰·斯图尔特·穆勒[①]认为：判断力应该建立在观察和实验之上，而不应该是建立在纯概率的假设之上。

阿道尔夫·凯特尔是比利时数学家和天文学家。他把从天文学发展起来的统计学和人口普查联系起来。正态分布的思想来自“中等人”的思想。正如对星球的不准确的观测值总是围绕着它的真实值一样，人的特征值也是环绕着中等人的数据分布的。因此，与这一理论上的标准值的偏差被视为一种误差。他认为收集和分析人口数据是政府的职能之一，从而使社会学家可以像物理学家揭示物理规律一样揭示社会规律。他试图证实，虽然出生率、死亡率、犯罪率和结婚率等数值可能因国家不同而异，但是，从整体上看，这些数据年复一年都保持平稳，从而验证了每个社会实体都是稳定的，但又是稍有不同的“社会物理现象”。

从 17 世纪起，人们开始收集上述关于社会实体的数据。1662 年，约翰·格朗特[②]发表了论文《从自然界和政治方面观察死亡登记表》，该论文基于对伦敦死亡率的统计分析。每周发表伦敦死亡率报表的目的，是预告各种瘟疫的流行趋势，从而适时给人们以警告，逃离城市。1693 年，天文学家哈雷发表了基于布莱斯劳的死亡率报告的统计表。

①约翰·斯图尔特·穆勒，1806—1873 年，英国哲学家、经济学家和逻辑学家。他对当代英国思潮影响巨大——编注。

②约翰·格朗特，1620—1674 年，英国统计学家，人口统计学创始人——编注。

这些数据比格朗特更加精确。哈雷还成功地指出，当时的政府过于便宜地出售了人身保险。数理统计可以看成是19世纪末期天文学的统计方法和保险统计员数据采集相结合的产物。

生物统计学的创始人弗朗西斯·高尔顿(Francis Galton，1822—1911)是达尔文的堂弟，他将统计方法运用于分析人口统计数据和遗传特性。优生学的主要目的，是通过有选择的繁殖来改善人类素质。统计学为进化过程提供了可量化的工具。高尔顿从达尔文根据自然选择的进化论中领悟出，对生物变异需要分析的是生物本身的状态而不是它与某个理想标准之间的偏差。高尔顿把正态分布作为偏差的一种度量，而很少把它作为“误差曲线”。

正是高尔顿引进了有关回归与相关性的概念。回归的统计学概念，来自对豌豆的研究。高尔顿将大量的种子根据种子的大小分成七组。种植后的第二代种子大小有的与其双亲相同，有的则不同。所有种子

> 我很少见过像“误差频率”法则所描绘的宇宙秩序的美妙形态那样能如此激发人的想象力的东西。如果希腊人知道这一法则的话，他们将会把这一法则人格化、神化。无论在多么混乱的状态下，它都保持平稳和安定。群体越大，表面上的混乱越严重，它的趋势越完美。它是无理性的无上法则。只要你手中有大量随机样本并把它们按大小顺序排列，那么你就会发现，你得到了具有规律性的美妙的形态。
>
> 高尔顿，《自然遗传》，1889年

的平均大小是一个常数，但是每个组的平均值偏离了其双亲的平均值而趋近于总体的平均值。因而，每个组的平均值向总体平均值“回归”。1885 年，高尔顿弄清了回归的现象，并于 1889 年提出了与回归有关的相关性的概念。通过适当放大两个相关的变量并在图上标出它们的值，高尔顿发现了一个可以用来表示两个变量间有关的指标。这一相关系数取值于 –1 和 1 之间。1 表示绝对正面的相关性，–1 表示绝对负面的相关性。相关系数趋近于 0 时，表示变量间没有关联。相关系数本身并不能表明变量间的因果关系，但是可以通过调整以后的实验来发现变量间的因果关系。

高尔顿研究的是连续变异的遗传性，而孟德尔研究的，则是离散变异的遗传性。两人相互不知道对方的研究。孟德尔是一位数学家和物理学家。在 1865 年的一篇论文中，孟德尔提出了基因的存在。后来，他的这篇论文在 1900 年再次成为生物学家们的话题。他的有关基因存在的观点引起了许多的争议。达尔文的进化论的忠实拥护者们强烈反对这一基因的概念。皮尔逊认为基因的思想过于超自然，而且认为离散的个体无法显示出连续的特性。直到 1918 年费歇尔提出了“只要有足够多的基因，孟德尔模型就会产生生物学所研究的相关性”的观点之后，这一问题才得到解决。这与离散的二项式分布相似：随着实验次数增加，它趋向于正态分布。

关于基因的哲学争论不是本书的范畴。但是我们应该强调，统计学并不是作为数学的一个独立的分支而发展起来的。它的发展及相关的分析工具，与社会所关注的问题紧密相关。高尔顿晚年在伦敦大学设置了优生学教授的职位（现在称为人类遗传学）。获得该职位的第一人是皮尔逊（Karl Pearson，1857—1936）。第二位获得者是费歇尔（Ronald Aylmer Fisher，1890—1962）。1901 年皮尔逊和高尔顿创办了《生物统计学》杂志。该杂志成了当时著名的统计学杂志，它不仅刊登了高尔顿的回归和相关性的理论，也刊登了皮尔逊在 1900 年开发出来的 $x^2$ 检验法。这一检验法重新解决了评估理论上的分布与实验数据是否吻合的问题。1908 年，在吉尼斯酿酒厂工作的生物学家戈塞特（W.S.Gossett）引入了小样本的 t 分布。他用笔名“学生”(student) 发表了这一结果，所以 t 检验有时被称为“学生检验”。费歇尔推广了皮尔逊的许多研究。费歇尔引入了方差分析。这是一个在实验中检验数据重要性的有力工具。这一分析方法最初被用于在农业中检验肥料效力等的随机实验中。这一方法的关键是在数学上把效用从偏差中分离出来。如果实验揭示出真实的效用，那么这一方法将显示出效用相对于误差的强度。

从 19 世纪 20 年代起，数学家们开始把统计学作为一个正式的研究对象，这使统计学成为更严格、更精确的方法。费歇尔的试验设计和方差分析的思想，是他的《试验设计》（1936 年）中最杰出的部分，对英国和美国产生了极大的影响。这些思想迅速改变了科学中的试验实践活动。这些活动所处理的，是在实验室重现的条件下不可控制的可变资料。

[illegible]

一人是皮尔逊（Karl Pearson，1857—1936），[illegible]（Ronald Aylmer Fisher，1890—1962）。1901年[illegible]

[illegible]

[illegible]

[illegible] 1908年，[illegible]

[illegible]（student）[illegible]

[illegible]

[illegible]

[illegible]

[illegible]

[illegible]

19世纪至20世纪，[illegible]

[illegible]

[illegible]（1926年）[illegible]

[illegible]

[illegible]

[illegible]

# 第二十一章 战争博弈

*War Games*

国际象棋可能是世界上最普及的策略博弈了。福布斯·纳什证明了尽管非常复杂，但国际象棋存在最佳策略。这种策略的发现，会使国际象棋同○ × 游戏一样变得毫无价值。

# 战争博弈

人们总是喜欢玩博弈，无论老幼都为之疯狂。大部分博弈既需要技巧，又需要运气。经历了命运变迁之后，一个真正的博弈玩家能够在多项连续的博弈中保持冷静、思虑周全。然而，有一些博弈却不能仅凭运气来玩，在这里，既没有骰子可掷，又没有平局的幸运。这些博弈完全要依赖于策略才能取胜。关于这样博弈的研究，就是对策论的研究课题。还有一些博弈简直就是生与死的较量。在模拟战争中，由于战术失误的代价较低，因此，军事战略家们总是利用军事策略博弈来改进他们的战术设计技术。把国际象棋和围棋看成是理想的战争博弈，也许并非偶然。把博弈理论首次实际运用于分析一种新型战争——未来有可能爆发的最后一次大战也并不奇怪。

在 19 世纪普鲁士人发明了一种叫作“兵棋”（Kriegspiel）的战争博弈。这是一种纯战术棋类博弈，而且该博弈变得越来越真实。在博弈中，裁判员根据实际战争中所获得的数据进行胜负的裁决。普鲁士的军队在军事上的成功，很大程度上依赖于从这一博弈中获得的战术素养。远到美国和日本，许多国家都开始研究战争博弈。在第一次世界大战中，德国的失败打破了博弈的神话。新武器及运输系统的高速发展意味着需要修改军事策略的整个基础。因此，一方面，军事需要数学家和科学家来发展军事装备，另一方面也需要他们给以策略上的指导。至今为止，在军事历史上，这些策略是将军们的工作。第二次世界大战后，两个拥有毁灭性武器的超级大国的存在，从根本上改变了战争规则。带有骑兵和炮兵的棋类游戏已经变得陈腐了。

但人们坚持用数学方法来分析策略博弈，以得到有实用价值的理论。波莱尔（Émil Borel，1871—1956）是法国数学家和20世纪20年代的法国海军部长。他在《对策论》一书中分析了纸牌游戏中的斗智问题，并分析了对策论在经济和政治中的应用。在普林斯顿大学的匈牙利裔数学家冯·诺伊曼以及同校的德国经济学家莫根斯特恩合写的经典著作《对策论与经济行为》中，我们可以看到波莱尔的影响。他们把对策论作为经济交互作用的可能的模型。虽然这一新理论在早期与军事的关系更大，但是经济学家们还是逐渐接受了它。

冯·诺伊曼（János von Neumann，1903—1957）出生于匈牙利的布达佩斯，自小就显示出计算的才能。1921年，他进入了布达佩斯大学，尽管他一次课也没有上过，但仍于1926年以对策论的论文而获得博士学位。在柏林和苏黎世期间，他没有按照他父亲为他选定的科目学习化学，而是继续向外尔[①]、波伊亚等数学家学习数学，后来在格丁根，又向希尔伯特学习数学。1930年，他来到普林斯顿，1933年成为新建立的普林斯顿高等研究院首批的五位终身教授之一，从此就一直在那里工作。纳粹当权时，他辞去了在德国的职位，并决定移居美国。他并不是作为难民逃亡到美国的，而是他认为那里有更多的机会。1940年起，他担任了军事事务的顾问。在洛斯阿拉莫斯，为制造原子弹，他研究了量子力学。1955年，他担任了美国原子能委员会委员。在谈到苏黎世时期的冯·诺伊曼时，波伊亚说："他是我唯一畏惧的学生。当我在课上讲一个未解决的问题时，他经常是在下课后就在一张纸片上用潦草的字给出完整的解答。"1957年，冯·诺伊曼死于癌症，据他的朋友们告知，他为自己不能继续进行研究工作而感到绝望。他最著名的工作是关于对策论、量子力学及计算机理论的研究。

最单纯的博弈是两人双策略零和博弈。在此博弈中，两个非常理智的玩家都企图战胜对方，在博弈中总分是零，一个人赢的分数就是对方失去的分数。一个最有趣的例子是分蛋糕的游戏，这是两个孩子分蛋糕时经常出现的场面。怎样分才能使得孩子们不感觉到对方的蛋糕比自己的大呢？这一游戏的解分为两个步骤：一个孩子先把蛋糕切成两半，然后由另一个孩子挑选蛋糕。每个孩子都喜欢要大的那块。在每一个孩子都认为对方是贪婪的这一合理假设下，存在最优解。第一个孩子必须用最公正的方法切蛋糕，如果其中有一块大得很多，那么毫无疑问第二个孩子一定会选择大的那一块。这被冯·诺伊曼阐述为极小极大理论，在上述两个玩家参与的情况下，存在"鞍点"或最优解。极小极大理论被推广到有更多玩家的情况，随着玩家人数的增加，

①外尔，生于德国，数学家，把纯粹数学和理论物理学联系起来，特别是对量子力学和相对论有巨大贡献——编注。

求最优解的过程越来越复杂。多数讨论博弈的书中都给每位玩家准备一张表；随着玩家的增多这些表变得越来越大，需要很大的矩阵来进行计算。

20世纪40年代，纳什把冯·诺伊曼的理论推广到了非零和博弈中。这一博弈的一个例子就是股票市场。炒股的人中有赢的，也有输的，但是钱的总数是随着股票市场资本的增加而变化。纳什发现非零和博弈也有一个“均衡”的解。纳什于1928年出生于弗吉尼亚，毕业于卡耐基技术学院，并于1950年以论文《关于非零和博弈》获得博士学位。他在读博士期间写的一篇论文使他在很久以后的1994年获得了诺贝尔经济学奖。从1951年起，他执教于麻省理工学院，也就是在这里，他在黎曼流动几何学和欧氏空间领域做出了突破性的工作。1959年，这位最有希望的年轻科学家得了精神分裂症。1996年在世界精神病学会上，他讲述了70年代的经历和康复过程。他继续做了许多出色的工作，甚至在住院期间也没有停止对几何学、拓扑学、微分方程以及几何空间等领域的研究。

纳什的研究表明，在许多情况下，最优解并不是产生于那些显而易见的行为过程中。所谓的“囚犯的难题”这一著名的例子就说明了这一点。这个例子是由德累瑟设计而由塔柯在给精神科学生讲课时解释的。经过复述，它已经有些变动，但是塔柯所解释的原型是：有两个犯人被拘留，并且分别关押在不同的房间。如果其中的一个人坦白了，则他将受到奖赏而另一个人则要受到惩罚；如果两个人都坦白了，则他们两个人都要被惩罚；如果他们都不坦白，则他们将被释放。如此进退两难的选择的最佳选择是：这两个人都保持沉默，从而两个人都将被释放。但两人都有这样的担心：如果另一个人坦白了的话，自己将会被惩罚。这一担心可能导致两个人都坦白，结果使这两个人都受到惩罚。这一策略博弈和设想被用于军事、商业和个人之间的谈判领域。实践发现，人们对最优解具有敏锐的意识，而一个偶然的失误将导致对方的反击，这就是被称为以牙还牙 (tit-for-tat) 的战术。

在一些博弈当中存在着最优对策，一旦这一最优对策被发现，则这一博弈也随即变得毫无价值。例如○ × 游戏，就是一个在孩子们中流行的游戏。这一游戏的要点一旦被孩子们掌握，每个玩者都变得聪

这是卡尔西姆斯的《进化的虚拟生物》(1994年)的起始位置。图中的虚拟生物被人们爱称为“小方块”。在游戏中这些生物争夺绿色立方体的控制权。游戏模拟达尔文的进化论：在游戏中，这些生物的身体和行为逐步进化，以完成给定的任务。

明起来，每一局都打成平手，那么孩子们对游戏的兴趣就会减退。纳什证明了，即使是国际象棋也有一个最优策略。但由于国际象棋太复杂，致使这一最佳策略仍没有被发现，甚至对最优策略将是平局还是白方胜也不清楚。如果一个最优策略被发现，那么国际象棋就会像○ × 游戏一样变得毫无价值。对付核战争是否有最优策略呢？在短暂的若干年里，美国是唯一拥有核武器的国家。由于害怕前苏联也将建立核武器装备，一些发明家，如冯·诺伊曼甚至是罗素，也倡导立即对前苏联进行首次核攻击，并为加强全球和平建立一个世界协商机构。然而这一提议未能实施，而政策不久就倾向于遏止并建立 MAD。这些策略大多来自秘密智囊团 RAND。

利用第一次世界大战后剩余的防卫资金，智囊团 RAND 于 1945 年成立。开始时，它是道格拉斯飞行航空计划的一部分，于 1948 年正式成为从军队和商业部门筹集资金的非营利组织机构，这就是智囊团的原型。它的智囊致力于“想不能想的问题”。RAND 意为“研究与发展”(research and development)。它的主要研究对象就是在核世界中制定国家的策略。我们提到的 20 世纪 40 年代到 50 年代的所有美国数学家，当年都曾经在 RAND 工作过。纳什向他们介绍了许多游戏，包括兵棋。战争的后勤学仔细地研究了军事行动的决策，并且安装了自动防范系统以防意外的袭击。由于担心对立双方武器贮存的增加，所以以牙还牙的策略似乎是不可取的：核博弈是一种只能玩一次的博弈。对于两代人实施霸权政治的滥用给世界的公众与他们的领袖带来影响。认为不能想象的事，双方都不会去做。

RAND的运作更像是一所大学而不像是个军事机构。它给智囊团成员保持自己生活习惯的自由。办公室24小时开放。RAND出版了许多著作。其中有1954年威廉姆斯的名著《资深策略家》，他把对策论运用于非军事领域，其中也插入了一些黑色幽默。RAND的成功，引发了大量智囊团的成立，但是没有一个智囊团拥有如此充满激情的数学家且专注于抽象思维的永久团队。

在这样的策略博弈中，所使用的术语是合作与竞争。由于对策论把人看成是完全利己的，因此，后来受到了人们的批判。但是研究表明，

每一代最成功的生物生存下来，并进行繁衍、变异、再结合。通过变异、再结合形成新一代的虚拟遗传因子。当这种筛选持续若干代后，繁衍过程不再依赖于程序设计者，虚拟生物体会自动“发明”成功策略。这一幅图中深色立方体已经在伸手可及的范围内。

现实生活中的人们确实注重他们的相关收益。在零和博弈中，平局意味着双方收益没有变化。但是在像股票市场这样的非零和博弈中，输赢是相对的。玩家更注重的是自己赢得更多，而不是攻击对方。因此，当双方都能在交易中获利时，双方就会进行合作。虽然对策论在它的初期发展得比较缓慢，但现在它是市场经济分析的主要工具。最近，它又被用于全球公共设施拍卖给私人企业的活动中。这使得政府在执照拍卖中获得更多的税收，同时也扩大了市场的发展。整个宏观市场在竞争和合作中发展——这是一个对策论的世界。

我提议考虑以下问题：机器能思考吗？这一问题可以用我们所说"造假游戏"来描述。这是一个三人游戏，一个男人（A）、一个女人（B）和一个提问者（C）。提问者既可以是男人也可以是女人，他与另外两人处于不同的房间。对于提问者来说，他的目标是判定A和B的性别。A的目标是试图使提问者做出错误的判断。为了使提问者无法通过声音判断性别，答案应该写出来或最好是打印出来。理想的安排是在两个房子间使用电传打印机交流。B的目标是帮助提问者，她可以在她的回答中加上"我是女性"这样的字样。但是这并没有什么用处，因为男性也可以做出同样的注释。

现在我们提出这样的问题，如果在这一游戏中，让机器代替A的话，将会发生什么情况呢？提问者做出错误判断的频率能否与三者都是人的情况下做出错误判断的频率相同呢？这些问题取代了我们最初的问题："机器能思考吗？"

图灵，《机器能思考吗？》，1950年

# 第二十二章　数学与现代艺术

*Mathematics and Modern Art*

巴拉的《汽车和光的速度》(1913年)。巴拉是《未来主义者宣言》(1910年)签字者之一。该宣言声称：在油画中必须动态地描绘宇宙的活力。

# 数学与现代艺术

20世纪是物理学、生物学和人类科学等各个领域科学发现和技术进步的大爆炸时期。在启蒙运动时期，人们相信已积累起来的知识给予我们征服自然的无穷力量和挣脱现实世界束缚的能力。而艺术对这一时期的发展的反应却并不总是正面的。威廉·布莱克[1]对牛顿的机械宇宙论的否定就是一个例证。20世纪早期，相对论和量子力学使我们的宇宙观发生了根本的变化，同时宇宙又变得神秘莫测起来。然而，在两次世界大战中，科学和政治的发展相互抵触，的确有很多理由需要我们重新审视人类在宇宙中的位置，将来期望我们的智慧和其他知识能够均衡发展。

在其他章节中我已经考察了数学在人类发展中的作用，下面我将集中精力考察一下数学以及数学和物理的结合对大众文化及艺术的影响。艺术是对哲学思想的改变和艺术家们对变化技术环境反应的最直接的表现形式。可以肯定，数学并不是对所有文化运动都产生着关键性的影响。但是，考察数学充当了唯一的且重要的角色的那些文化领域，是非常有意思的。将数学术语恰当地运用于艺术表现的事实说明：艺术家们开始使用数学的语言和思想，并将其贯穿于五彩缤纷的艺术生活之中。

①威廉·布莱克，1757—1827年，英国诗人、水彩画家、版画家。艺术有独创性，具有新颖、简练的特色。

许多新兴的艺术运动发生于20世纪开始的前二十年，并接受了数学家们研究出的几何语言和几何思想。油画和雕刻都非常自然地表现了二维和三维空间中的艺术形象。但是，现有的几何学知识对展示人类和世界的全貌存在着一定的局限性。新几何学能对新兴的艺术形式产生怎样的影响呢？

意大利文艺复兴时期，透视学能够使我们在二维空间的表面上更真实地表现三维空间的物体。透视学拓宽了绘画的语言，艺术家们很快就学会了这一新方法。后来，他们为了达到视觉和审美的效果，又有意识地打破了这些规则。20世纪的立体主义、超现实主义和未来主义等术语都来自新几何学的概念，如非欧几何学、多维空间，特别是四维空间。从总体上看，20世纪初，新几何学对个别艺术家的影响要比对每次运动的影响大。20世纪20年代末，爱因斯坦的相对论中的四维时空变得越来越受到重视。但是，在此之前，人们对空间的第四维已经做了大量的研究。在19世纪中叶由罗巴切夫斯基和J. 鲍耶于1830年左右分别独立创立的非欧几何学，带来了一场几何学革命（第十六章）。1854年，黎曼发表了一篇启迪性的论文《关于几何学基础的假设》，该论文使多维空间的数学研究和探索宇宙空间奥秘的物理实验又上了一个台阶。

现在，欧氏几何学只是多种几何学中的一种。刻画空间真理的真实几何，以前是数学家和物理学家的研究对象，将来也是。但与此同时，艺术家们已开始涉足关于感知和表现的几何学。首先，如果我们将三维空间的思想扩展到第四维上去，我们马上就会遇到如何表达的问题。艾德温·艾伯特于1844年出版的《平地》（1844年）一书中，就有一

邦柏格的《掌握之中》（1913—1914年）。直线形格子结构叠加在人物景象之上，产生了一幅同时具有破碎感和高度动感的画。

个极佳的类比：从四维空间观察三维空间时，就好像我们三维空间的人观察一个二维空间“平地”的物体一样。克劳德·伯拉顿在很多书中都描述了上述观点，包括《平面上的人：一个高维空间的寓言》（1912年）一书。这一观点的关键，是通过一个物体的切片或横截面使我们对整个物体有一个直观的认识。这样，当我们用油画来描绘一个物体时，无论这一物体是存在于三维还是四维空间，我们都需要这一物体在不同角度的切片或多重透视图。这正是立体派描绘物体的一种手法。人们认为透视法具有局限性，它所提供对物体的观测过于狭窄，所以透视法遭到了拒绝。哲学家康德把应对物体的感知和物体本身加以区别的观点，也推进了立体派的多重透视的表现形式的发展。事实上，立体派对第四维给出了一些超越了纯数学和空间范围的陈述。有一些陈述体现了柏拉图的神秘的、不合理的哲学理念。简而言之，第四维使得艺术家们得以突破三维透视，自由地探索现实。这种自由不仅存在于立体主义者中，也存在于意大利的未来主义者中。意大利未来主义者于1909年发表的《智慧宣言》，由政治和艺术两部分组成，它推进了现代主义、工业主义和技术的进步与发展。波丘尼、塞维里尼和巴拉等艺术家，表达出了第四维的活力。

亨利·庞加莱（Henri Poincaré，1854—1912）是一位最有影响力的法国数学家。他是一位受人尊敬的学者。他的著作涉及数学、政治、教育和伦理学等各个领域。1906年，他担任了法国科学院的院长。他的科普读物将物理和数学推向整个社会。他的知识相对性的哲学思想和对数学的创造性思维的关注，在20世纪早期产生了巨大的影响。所谓数学的创造性思维，包括了像在解决难题时的非逻辑的潜意识思维。

杜尚的《下楼梯的裸女第二号》(1912年)。受19世纪80年代马雷的“几何记录摄影”和迈布里奇“电影摄影”的影响，杜尚通过在二维画面上表现时空第四维，创立了可塑性更强的立体派。

莫里斯·普林斯特是一个不太知名的数学家，这也许是由于他的影响只限于立体派艺术家的圈子里。他还是保险统计师和业余油画爱好者，并且与艺术家麦钦格和格里斯一起研究探讨了非欧几何学。

1905 年，当爱因斯坦还是一位专利局的审查员时，他就发表了狭义相对论。1916 年，当时已是教授的爱因斯坦发表了广义相对论。到了 20 世纪 20 年代末，把第四维作为空间维度的观念，几乎完全被作为时间维度的第四维度所取代。时间因而和运动就成了艺术家们关注的焦点，例如艺术家杜尚及波丘尼等。其中，波丘尼就有一幅雕刻是《空间持续性的独特造型》（1913 年）。此外，还有其他艺术家如库普卡以及马列维奇的抽象派艺术。

立体派是由毕加索和布拉克所创建的。毕加索 1907 年的油画《亚威农少女们》是第一幅立体派油画。立体派的鼎盛时期结束于 1922 年。从那时起，立体派的实践者们，摒弃了早期的立体派的统一风格。虽然立体派也是艺术的一个学派，但是在学派内部，总是存在着不同的哲学指导思想和实践。毕加索本人并没有受到多少数学思想的影响，而是受到了塞尚的移动透视法和非洲艺术结构及雕刻术的影响。布拉克本人最关注的是几何表现形式，而事实上，正是他启用了“立体主义”这一术语。的确，有一部分人还在继续关注透视和结构的古典几何因素。1912 年，巴黎举行了一个具有深远影响的名为“黄金分割”的画展。“黄金分割”指的是建筑和艺术中常常出现的经典比例。此时，艺术家，如格里斯和维庸等都已接近于纯抽象派，立体派纯抽象的几何形式从所有的表现形式中消失。

与第四维的影响相比，非欧几何学对20世纪初期的艺术的影响更加难以定量化。其原因可能是在于对非欧几何空间的表现上的困难。意大利数学家贝尔特拉米（Eugenio Beltrami，1835—1900）制作了一个伪球面实物模型来表现罗巴切夫斯基几何。它的存在本身足以激发艺术家的想象。也许它的形式化的数学特征使得它不如第四维那样给艺术家们带来更多的艺术自由，只有油画家杜尚等少数几个人曾说服画家们学习数学和科学。然而，非欧几何学的思想，对超现实主义画家及超现实主义的创始人特里斯坦产生了影响。

达利创作的《最后晚餐的圣礼》（1955年）。欧氏几何仍在影响着艺术家们。在这里，最后的晚餐发生在一个柏拉图学派用于象征整个宇宙的正十二面体之中。

1936年，油画家希拉托出版了他的《维数主义宣言》，他引用了爱因斯坦的理论作为灵感之一。《维数主义宣言》声称："受到了世界新概念的鼓舞，艺术发展到了新的空间。"油画开始离开平面向空间发展，并由此产生了新的空间结构和多媒体装置。该宣言还强调："雕刻应该放弃封闭的、一成不变的、没有活力的空间，即欧几里得的三维空间，以便征服闵可夫斯基的四维空间的艺术表现形式。"有许多著名的艺术家在这一宣言上签字。宣言允许对第四维的各种主流的解释，即作为空间的维度、作为精神的第四维度及作为时间的第四维度。

然而，总的来说，20世纪30年代，除超现实主义外，很少有油画家对空间第四维度或非欧几何空间感兴趣。勃勒东发现了特别适合于他的新"超现实主义"观点的新几何学。虽然勃勒东的超现实主义的理论在很大程度上基于弗洛伊德的潜意识分析，但是，高维空间对他的理论也有启发作用。他把时空四维空间与无理性或潜意识的更高维结合起来。我们可以从一些作品的题目中看到人们对多维空间的兴趣。例如恩斯特的《被非欧空间苍蝇的飞行所吸引的年轻人》（1942年）。从一些作品的内容中也可以发现对多维空间的兴趣，例如超现实主义画家达利有名的作品《记忆的持续》（1931年）和《耶稣殉难》（1954年）中所表现的超立体手法，都显示出艺术家们对高维空间的兴趣。最具有科学性的现实主义者是多明古艾兹，他是一个雕刻家，迷上了物体在时间中的生存状态。他的"石板延续表面"这一思想似乎与波丘尼的雕刻非常接近。1939年，多明古艾兹发表了一系列高维空间的所谓"宇宙"的油画。他的多面体表现形式曾被人们与庞加莱所展示的几何模型及曼·雷为1936年超现实主义展览而拍摄的几何模型相对比。真正数学化的、美观的非欧几何的表现形式的实现要等到高性能计算机的出现。

作为纯粹数学理论的新兴多维几何学及非欧几何学不仅被用于新兴物理学，而且给艺术及寻求推翻已有的思维模式的哲学运动以启迪。在艺术界，这些表现方式以各种形式被大家接受，包括了从精神到无政府状态，甚至二者兼而有之。放弃欧氏几何学，作为典范意味着为生命、宇宙和万物创造了一个新的透视法。

新兴的艺术家由于他们对几何学的偏见而受到猛烈的攻击。然而几何图形是绘画的精髓。关于空间科学的几何学和它的各个维度及其关系，永远决定着油画的标准和规则。

至今为止，欧氏几何学的三维空间，对向往着无穷的艺术家来说是足够的。

新的画家们与他们的前辈一样，并没有打算做一个几何学家。但是，可以说几何学对造型艺术的作用，就像语法对写作技巧的作用一样。今天，科学家们已经不再把他们自己局限于欧氏的三维空间。画家们也已经很自然地或者说本能地密切关注着新的高维空间。用现代的话来说，增加的维度就是第四维度。

按照造型艺术的观点，第四维从已知的三个维中迸发出来了：第四维代表了在任何给定的瞬间在所有方位，都是永恒的巨大的空间。它本身是一个无限空间，它允许画家按所希望的可塑性程度，在整体上给物体以正确的比例，而在希腊艺术中某些呆板的韵律总是破坏了这一比例。

希腊艺术中有纯人性美的概念。它以人作为完美的标准。但是新兴画家的艺术却把无穷的宇宙看成他们的理想。正是由于这一理想，我们拥有了关于完美的新准则。这一准则使画家可以按照他所希望的造型来分配比例……

最后，我要指明的是第四维度……已经成为那些凝视着埃及、黑人及海洋雕刻，沉思于科学的研究，以及生活在对浪漫的艺术的期望之中的青年艺术家们希望的一个象征。

阿波里耐，《巴黎之夜》，1972年4月

# 第二十三章 计算机代码

*Machine Codes*

由帕斯卡于 1642 年发明的最早期的一种计算器。通过旋转带有指针的轮子来进行加运算，但是其他操作相当麻烦。

# 计算机代码

在数学历史中，存在着许多成对的分支。它们的相对重要性时而兴盛，时而衰退，例如像算术与几何学的关系或者纯数学与应用数学之间的关系。另外一对动态对立物可以在算法与分析数学中看到。后者所研究的是基础结构和“完美的定理”；与此相应，前者的目标是达到实际解所需要的过程。例如我们已经看到在各种数制中求 2 的平方根这样的无理数的各种算法。研究哪一个过程更有效，换言之，用最少的步骤达到所需的精确度，是算法数学的一项主要研究项目。

术语“算法”本来是指用阿拉伯数字进行计算，以区别在算盘或筹算盘上所进行的计算。由于算盘的使用在欧洲衰退，同时随着计算

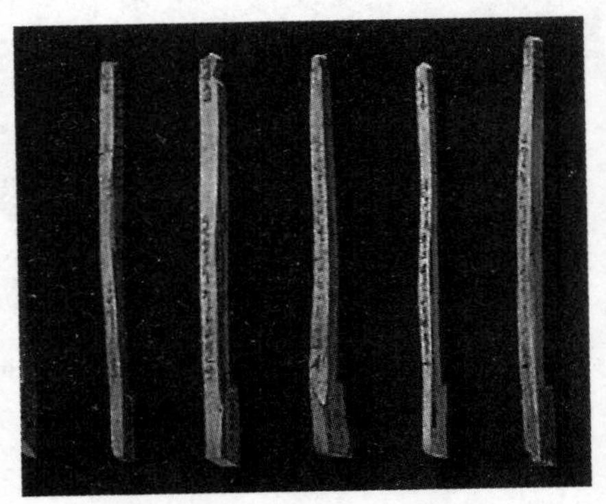

中世纪的计算棒。直到 1826 年，英国财政部一直在使用这种计算棒。从那以后，他们开始利用纸和笔来计算，取代了计算棒。财政部的收入刻在计算棒的侧面。每个部门有相应的计算棒。

量变得越来越大，对于机械计算器的需求也越来越强烈。17 世纪，帕斯卡、笛卡儿、莱布尼茨都梦想着可以对所有数学问题进行编码，而且可以机械地生成求解方法的通用语言。这些人本身也制造了各种机械的计算器。莱布尼茨设计的通用计算法已经超越了微积分的范畴，包括了可以判定伦理及法律问题的形式规则。任何有效的算法都可以通过使用计算器来增强计算能力。但是直到 20 世纪，软件和硬件才结合到了一起。

查尔斯·巴贝奇（Charles Babbage，1791—1871）于 1819 年设计了“差分机”，并于 1822 年制造出可动原型。他希望这台机器能够提高乘法速度和改进对数表等数字表的精确度。英国政府出资赞助制造一台全功能差分机，使之有能力计算出保险精算、行政管理及科学研究等所需的高精度的数据表。但是，到了 1834 年，巴贝奇的这项方案大大超出了预算，而且进程也落后于预期的日期。虽然巴贝奇的智能以及资金约定额没有问题，但是政府延缓了进一步的资助。从那时起，巴贝奇把注意力转移到了“分析机”的设计上来。实际上，这就是现代计算机的前身。其最主要的特征是把存储器和运算器分离开来，存储器在计算过程中存放数字，而运算器进行算术运算。通过在穿孔卡片上编码进行输入和输出操作，而控制器控制着程序。他也曾设想将结果直接输出到打印机上，这样分析机就能像蒸汽机那样自动运算了。但是，分析机没有被实际制造出来。到了1842年，政府停止了对差分机的资助。巴贝奇对英国科学界的怀疑得到进一步的证实。在大学学习期间，巴贝奇和他人联合创建了分析协会，其主要目的是使剑桥的数学教学达到欧洲大陆的水平。1830年，他写了一篇抨击英国科学现状的文章，强烈指责皇家科学院封闭的思想状况，这导致了不列颠科学促进协会的建立。不幸的是，巴贝奇计算机的高昂造价使他的计算机沉睡了将近一百年。

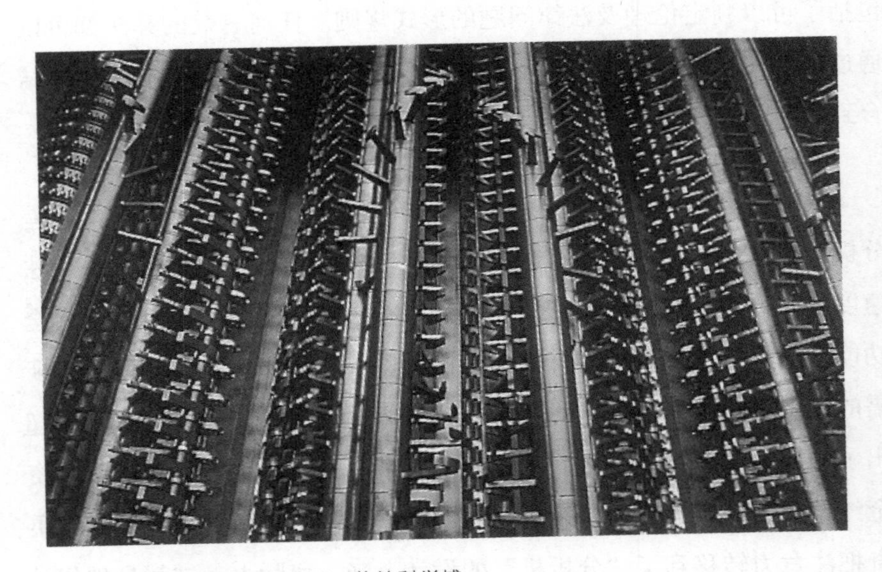

为了纪念巴贝奇200周年诞辰，伦敦科学博物馆于1991年制作了第一台完整的差分机。差分机包含4000多个零件，重2.5吨。巴贝奇设想它是一个完全自动的计算机，带有输出，并以蒸汽机为动力。

正如巴贝奇所预见的那样，由于提高计算速度的需要，计算机迅速地发展了起来。1940年，在IBM的赞助下，哈佛大学研制成功了第一台自动计算器。第一台电子可编程的计算机“巨人”(Colossus)于1943年研制成功。它是图灵和冯·诺伊曼在英国外交部做密码破译工作时合作的结晶。然而，对未来的计算机体系结构产生影响的是同一时期在宾州大学研制的ENIAC（Electronic Numerator Integrator And Computer, 最初是设计成用来计算弹道学的表格的机器）。冯·诺伊曼希望ENIAC能够实现曼哈顿计划所要求的某些计算，但结果他却发现自己是在设计一种新型计算机。这种新型存储程序计算机叫作EDVAC(Electronic Discrete Variable Automatic Computer)。这一新型计算机有五个主要的组成部分：输入、输出、控制单元、存储单元和运算单元。这种计算机之所以叫“存储程序计算机”，是因为程序同数据一起存储在机器中，同时，控制单元执行指令序列。这一类型的计算机始建于1949年的英国，叫作EDSAC(Electronic Delay Store Automatic Calculator)。后来，美国和英国都生产了这样的计算机。到了20世纪60年代，存储程序计算机开始普及。半导体元件的发明取代了阴极射线管，使得计算机的速度和可靠性得到了提高。尽管这些设计与巴贝奇的设计相似，但是这些计算机的研究是在完全忽视了巴贝奇的早期工作的情况下完成的。

正如我们所了解的那样，计算机的发明是在实际需要的背景下产生的，无论是在商业、行政部门、密码学还是在数学物理中的方程求解中，都存在着这样的需求。存储程序计算机已将硬件和软件分开。为了执行适当的计算而做的编程和算法研究不是出于实际需要，而是出于逻辑学家们对形式体系的探索。

普通算术就是形式体系的一个常见例子。它有一个明确的符号集合和为了对问题求解操作这些符号的过程。除了参照形式体系的法则外，这些符号本身没有意义。例如如果要验证算式 ABmBAeBEB 是可满足的，可以使用各种方法求得 A、B、E、m 和 e 的具体实例。也许把 ABmBAeBEB 看成乘法等式“12×21=252”更简单明了（A←1，B←2，m←×，e←=，E←5），但是，ABmBAeBEB 表明具体符号并不重要，重要的是在给定公理体系下能够证明命题为真，在此例中就存在这样一个具体的算式。实际上，我们不仅可以用字母表示函数，甚至可以用数字来代表。这是特定用途计算机到通用计算机的转换中的一个至关重要的因素。在现代计算机中，任何一个指令，例如在显示器上特定位置显示一个红点的命令，实质上就是一串数字。事实上，一个完整程序一旦被编码成二进制，那么本质上它就是一个（非常大的）数。由于计算机在速度和功能方面的突飞猛进的发展，计算机的这一单纯的编码方式往往被忽视。

安置在布雷茨雷园里的巨人解码计算机的复制品。巨人计算机是第一台电子可编程计算机，在第二次世界大战中帮助解码员解开了德国洛伦基密码。

库尔特·哥德尔（Kurt Gödel，1906—1978）于1931年发表的《〈数学原理〉及有关系统中的形式不可判定命题》中给出了为形式系统中的每个可表达的命题赋予一个唯一的数的方法。这样，每个命题真值得证明都可以表达为唯一的一串自然数，并扩展到已知一串这样的符号，就有可能决定它是否有意义。在这篇论文中，有两个经典结论。其中第一个是不完全性定理，即像整数算术一样的基本公理系统均含有在该系统下不可判定的命题。这与语言学中的两难问题“这个句子是错误的”有点类似。这样的不可判定命题的存在，证明了按照罗素和怀特海的设想寻求数学公理化的想法是行不通的。同时，哥德尔也粉碎了希尔伯特的梦想：希尔伯特试图建立一个完备且自相容的算术系统，即一个不存在内部矛盾的算术系统。哥德尔的第二个结论是：如果一个系统是相容的，则在该系统的范畴内不能证明此系统的相容性。简而言之，算术是不完全的。这样的打击足以使数学家们放弃寻求一个普遍的数学，而致力于从不同的公理形式如何产生不同的系统的研究。寻求数学语言的目的是使我们能够回答疑问，因此，在此之前，讨论着重于判断数学命题的真伪的过程上。现在，数学家们更加关心的是可计算性而不是可判定性。数学家们从可判定性的研究步入了可计算性的研究领域。

在把目光集中于算法的同时，函数概念的推广也受到关注。在最一般的意义下，函数 f 是数学对象间的任意关联。一个函数是可计算的是指，存在一个对于 $f$ 的定义域中的每个 $x$ 都能求出 $f(x)$ 的算法。只有在19世纪末人们构造出病态函数时，才发现可能存在不可计算的函数。因此，研究转向了计算算法。判定一个给定的算法是不是计算所需函数的算法相对来说是比较容易的。但是，对于一个函数，当我们要证明不存在计算它的算法时，则需要精确定义什么是算法。在定义什么是算法时，哥德尔所给出的递归函数的概念起到了非常重要的作用。所谓递归函数，是指从若干个基本函数出发，按给定规则通过有限的操作而得到的函数。可判定性与此相似：对于命题 $y=f(x)$，当在一个形式体系下，存在这一命题的真伪的证明时，它在这一形式体系下是可

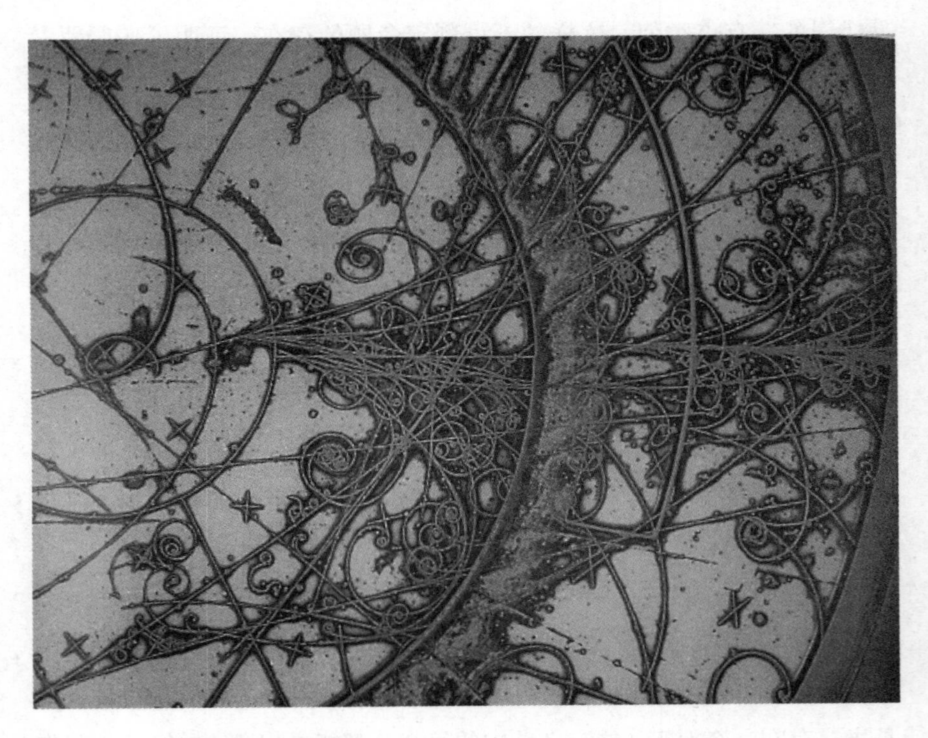

来自欧洲粒子物理研究所大欧洲气泡室的粒子轨迹。计算机已经达到了如此高的速度和功能。现在计算机可以帮助物理学家们探索自然的基本力。

判定的。希尔伯特第十问题（第二十章）要求寻找判定丢番图方程是否有解的算法。正是受这一问题启发，人们开始了可计算性的研究。1936年，普林斯顿大学的丘奇和剑桥大学的图灵各自独立地发表了可计算性的概念，而图灵进一步指出两个概念本质上是等价的。图灵的算法定义基于计算的机器模型。丘奇立即把该模型命名为图灵机。他们的研究否定了万能算法的存在，即不存在判定所有命题真伪的算法。这些结果以及哥德尔的结果成功地粉碎了计算机有朝一日能够判定出所有数学命题真伪的梦想。然而对算法的关注引发了软件革命。这一革命宣告了数学物理这一新领域的诞生。计算数学不断地向老问题挑战，例如太阳系的稳定性等问题。同时人们把注意力转移到生物系统和生命自身的复杂动力系统。

模拟原理。如下所述，所有的可计算的自动机可以分成两大类……这一分法把计算机分成模拟计算机和数字计算机两类。

我们首先考虑模拟原理。模拟计算机使用特定物理量表示数……可以用以下方法做电流的乘积：把两个电流分别输入功率仪的两个磁极，由此产生一个旋转；这一旋转通过加上一个可变电阻被转换成电阻；最后，通过把这一电阻连接到具有两个固定的（不同的）电势的电源，它被转换成一个电流。因此，整个过程是一个“黑匣子”，两个电流输入这一“黑匣子”后，产生成与这两个电流的乘积相等的电流……

数字原理。数字计算机按我们熟知的把数表示成数字集合的方法工作。这与我们通常使用十进制进行计算的方法是一样的。

严格地说，数的计算不一定要用十进制。任何大于 1 的整数都可以为基。十进制（基为 10）是最常用的进位制。至今为止所有的数字计算机都在这一数制下运行。然而，二进制最终被证明更适合于数字计算机。现在许多基于二进制的数字计算机正在制造之中。

约翰·冯·诺伊曼，《自动机泛论》，1948 年

# 第二十四章 混沌与复杂性

*Chaos and Complexity*

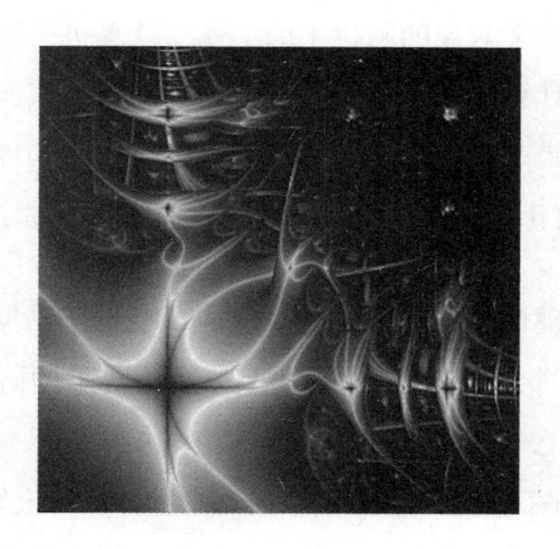

这是一幅计算机生成的图像。图像利用所谓的利亚普诺夫指数展示了一个对于微小摄动稳定的动力系统。图中，尖锐突出的曲线是超稳定的区域。交叉的区域表示不同的吸引子在争夺系统的主导权。背景颜色覆盖的区域则是混沌区域。

# 混沌与复杂性

从 19 世纪初开始，人们把数学作为一种分析和逻辑的学科来研究。到了 19 世纪末，研究产生了数学动物园中的许多怪兽，如连续但不可导的函数。在力学方面，作为对太阳系稳定性的检测实例的三体问题，仍没有得到稳定解，而庞加莱通过分析它的部分解发现了一个非常复杂的结构。从分析到几何的观点转换，向数学家们展示了数学也出现了与现实世界相似的混乱状态。这些数学的怪物好像正在守卫着一个崭新、强大的数学对象的阿拉丁的宝库。计算机的使用使我们得以进入这一宝库。计算机成了基于算法的新型数学的实验装置。同时，计算机的使用所带来的发现，又加深了我们对分析的理解，并且使我们认识到数学家们所熟悉的“简单”系统，实际上只是冰山的一角。

耶鲁大学现任教授和 IBM 的名誉会员曼德尔勃罗特现在已经成为分形几何学的同义词。他热衷于他后来称为分形的研究。研究从 1951 年开始，并于 1977 年以他的著作《大自然的分形几何》达到顶峰。很多人从事分形的研究，而分形的洛可可形图像广为人知。在力学中“吸引子”的思想是众所周知的。例如，行星的轨道是一个椭圆吸引子，虽然时常有摆动发生，但是行星总是在一定的界限之内运动。用数值迭代法对多项式求解时，如果迭代收敛于一个解，那么这个解就是一个吸引子。有时从图形上可以知道存在一个解，但使用迭代法却得不到这个解。这样的解叫作“排斥子”（repeller）。但是，在像扰动气流这样的混沌系统中，吸引子是一个被称为奇异吸引子的分形。

一旦我们掌握了观察事物的正确方法，我们就会发现最简单情况下的混沌行为。Logistic 差分方程 $z=\lambda z(1-z)$ 是只含一个可变系数 $\lambda$ 的简单二次方程。与其他二次方程一样，这一方程有两个根。但是当我们用迭代方法求解时，我们会发现一些令人惊奇的性质。对 $\lambda$ 的多数值，迭代递增并发散于无穷大。但是，当我们从 $\lambda=1$ 开始，慢慢增加 $\lambda$ 的值时，就会发现迭代既不发散，也不收敛于特定值，而是在一些数值之间摆动。在某种程度上，这是一个混沌系统，迭代值的序列似乎是杂乱地跳来跳去。如果我们把变量的取值范围扩展到复数，那么迭代值就会脱离实轴，形成一个分形结构。通过简单的变换，差分方程变成另一个二次方程 $z=z^2-m$。迭代的过程虽然简单，但借助于手来进行则非常麻烦。借助于计算机的帮助，曼德尔勃罗特首先打印出了 z 取复数值时的曼德尔勃罗特集合，而且在他的单色输出中，他用黑点描绘出了迭代序列不发散到无穷的 m 的值，即迭代序列有界的 m 的值。随着打印机和计算机制图功能的增强，人们逐渐揭示出了这一图形像

四元朱利娅集合。朱利娅集合与曼德尔勃罗特集合密切相关。而在此，迭代时使用的是汉弥尔顿四元数而不是复数。这是一个四维分形的三维切片，如果用动画的形式来看，效果会更好。

闪电一样带着锯齿状卷须向外放射的难以置信的精美结构。这一简单系统显示出了很多经曼德尔勃罗特整理总结出来的特征。通过使用计算机来放大这一集合的细部，可以看到分形的自相似特征，即一个小集合的结构与原来庞大的整体结构相似。再次回到刚才的差分方程，当 λ 取复数值，迭代会产生被曼德尔勃罗特称之为“龙”的结构。数学分析这一可怕的怪兽作为美丽的创造物而获得重生，并受到数学大家庭的欢迎。

“混沌”一词很容易被误解，因为在日常生活语言中，它与混乱是同义的。但是混沌理论是完全确定的：曼德尔勃罗特集合是不变的，而且 z 的任意初始值所产生的迭代序列的收敛状况是相同的。混沌系统与随机系统的区别在于，随机系统没有结构，它是白噪声的数学等价物；而混沌系统却是有结构的，不过它的结构是非常复杂和微妙的。然而，虽然分形的生成是一个确定性的过程，但它不是可预测的：不存在判定一个点是否属于给定曼德尔勃罗特集合的算法，唯一的办法是完成迭代。彩色的分形用不同颜色的点来表示到达这一点所需的迭代次数，而错综复杂的迭代模式反映了相邻的两个不同颜色的点的迭代次数的巨大差异。诚然，计算机屏幕上的一个点，实际上是一个像素，但是，随着我们提高清晰度，我们会看到越来越错综复杂的分形。这就是混沌系统难以预测的原因。虽然迭代具有确定性，但是迭代对初始值非常敏感，而且当我们用迭代来刻画现实世界的系统时，在一开始的测量中所产生的不可避免的误差，随着迭代的进行，会变得越来越大。

混沌理论似乎给出了一个相当令人沮丧的宇宙观，它认为宇宙是一个不稳定的系统，并且在热力学第二定律的作用下，整个宇宙注定要消散。然而整个宇宙充满了结构。从脉冲星有节奏的脉动到DNA分子优美的双螺旋结构，熵的前进方向看来将会逆转，至少从局部上看——香水又回到瓶子里去了。关于这种结构产生原因的研究是复杂理论的研究范畴。复杂系统的研究现在包括许多不同的领域：混沌理论、人工智能、突发系统和自动机。

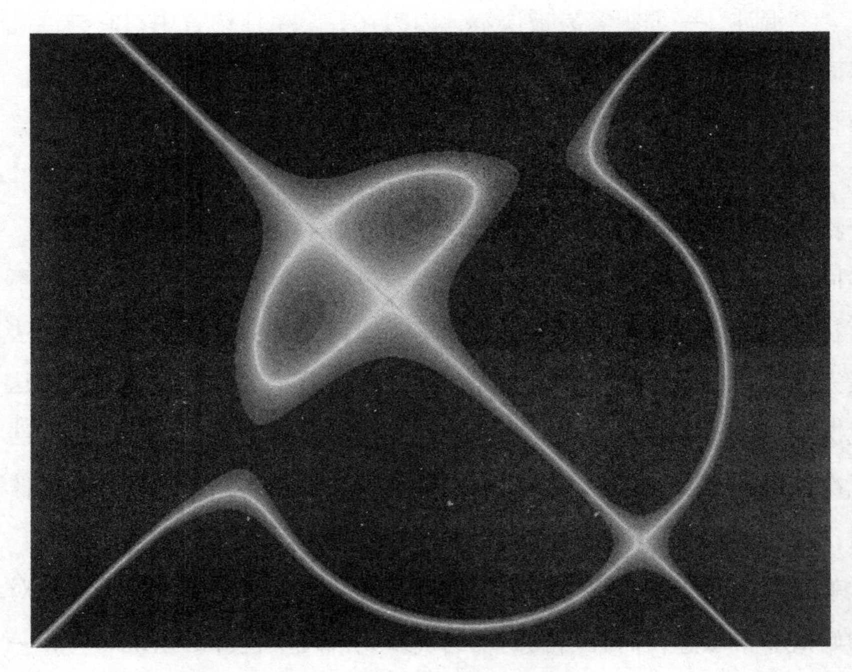

明尼苏达大学几何中心的布赖恩麦龙于1993年绘制的《幸福的艾侬》。这一艾侬分形是由函数 $H(x, y) = (x^2 - ay + c, x)$ 给出的。其中 $a$、$b$ 是任意的参数。当 $a=0$ 时，映射退化成一维logistic方程。这一图像表示了在艾侬映射的迭代及其逆映射的迭代下均有界的点。

对复杂系统的兴趣来自不同的领域，而把这些领域的研究集结在一起的关键人物是乔治·考恩。1942 年，考恩作为研究放射性物质的化学专家，在芝加哥大学工作。在那里，意大利物理学家恩里科建造了第一座原子反应堆，因为盟军担心德国已经开始制造原子弹。恩里科早期的实验和理论研究是关于激发足够大能量的连锁反应的可能性，以制造原子弹。考恩后来加入到了曼哈顿计划。战后，考恩成为洛斯阿拉穆斯实验室的领导人。正是考恩所领导的小组，分析了前苏联的第一次原子弹爆炸实验。他本人是贝斯小组的成员。在几十年间，这一科学家秘密组织一直监视着前苏联的核能力状况。在这期间，考恩对科学及国家政策的关心越来越强烈，他认为传统的教育方式不能使科学家看到不同学科间的广泛联系以及科学工作者与政治、经济环境及道德间的联系。1982 年，考恩辞去了洛斯阿拉穆斯的职务，到白宫科学委员会任职。与此同时，他和同僚们探讨了创建一个致力于对所有定量科学进行综合研究的研究中心的设想。

计算能力的增强，使科学家们对更复杂的多变量方程以及非线性方程的研究成为可能。此前的数学大多是研究线性方程。对线性方程的研究虽然取得了很大的成功，但是当用它来刻画非常复杂的系统时，它有很大的局限性。而计算机不管是在处理线性方程还是非线性方程，只是通过艰难的方式高速找出方程的数值解或图解。计算机使科学家们拥有了新的数字实验室。正是非线性方程，使我们开始意识到以前作为独立的变量间的内在关系。在这一方面，物理学家和生物学家们已经进行了成功的合作。洛斯阿拉穆斯甚至创办了非线性系统中心，但是洛斯阿拉穆斯的研究仍然围绕着核物理进行。所以考恩必须寻找其他地方以扩大在洛斯阿拉穆斯取得的初步战果并将其延伸到其他领域。

考恩的同人同意按他计划的方案创建一个新的研究中心。但是在考恩的脑海中，对这个新机构到底要做些什么还没有明确的概念。当盖尔曼加入这个项目后，情况才有了转机。作为理论物理学界的带头人，盖尔曼从乔伊斯的《苏醒的芬尼根斯》这本书中找到恰当地描绘亚原子的粒子名称“夸克”。他是大统一理论的主要倡导者之一，主张在一个统一的框架下研究自然的现象。更进一步，他提出了“所有事物的大统一理论”，从古代的文明一直到个人的意识。在他的帮助下，考恩的新研究机构的设想成为了现实。1984年，这个研究所进行了重组，以里奥格兰德研究所重新命名。原来的令人喜爱的名字圣菲研究所被一个治疗机构所启用。1984年末，这一研究所在圣菲的美国研究院举行了第一次研究会。研究会从各界筹到了款项，但由于考恩本人在20世纪60年代开设的洛斯阿拉穆斯国民银行中得到一些利润，所以资金并不是一个大问题。在这次会议上，情况变得明朗化：各个领域的一

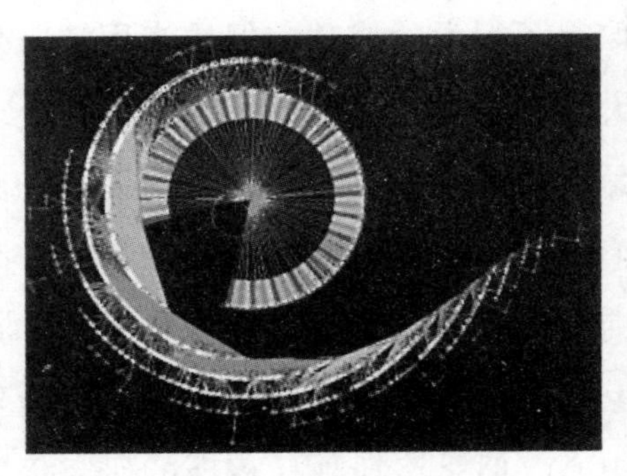

吸引域：有序细胞自动机。此图中的每一个结点表示整个细胞自动机范围的一张快照。这一结点与它在下一进化范围中的后继状态相连。这幅图像显示有序细胞自动机的进化范围高速收敛于吸引域。

些首脑人物确实希望更多地进行交流，并希望分担他们所共同关心的问题。这些问题中最重要的是关于突变系统的问题。在这样的系统下，整体大于各个部分的总和，这是由于许多因素间的相互作用造成的，不论这些因素是粒子、人、分子还是神经细胞。在这种系统内，出现了各个部分内不曾出现的复杂性。科学的简化法在把一个复杂的系统分化成简单的部分时是有效的，但在把简单的部分组合成复杂系统时，就显得无能为力了。里奥格兰德研究所的最初研究成果没有被认可，但这一新的研究中心最终还是得到了圣菲的名字。金融界为他们提供了足够的资金。

银行和投资公司越来越关注传统经济学能否精确地预测金融系统的发展。1987 年，花旗集团新任执行总裁赞助了在研究所主持下的经济学家和物理学家组成的研究会。一些物理系统与社会体系具有同样的特征。这些系统都显示出了相似的数学关系，而这里的数学是复杂系统的数学。事实上，这些系统被叫作复杂适应系统。这些系统包括了免疫系统、胚胎发育系统、生态系统、经济市场以及政治团体。这

吸引域：复杂细胞自动机。此图描绘了一个复杂细胞自动机范围的演化。它的收敛程度比有序细胞自动机要弱且慢许多。此图还显示了分叉构造的特性。混沌细胞自动机的图像则会含有嫩枝状的细小分杈。

样的系统同时具有正负两方面的反馈机制。复杂性是竞争和合作这两种倾向的混合产物。这样的系统是一直处于混沌状态和有序状态之间的一个动态平衡的状态。令人惊讶的是，这样的系统是按照相当简单的规则运作的，这些简单模块之间的相互作用会引发复杂的令人难以

这一曼德尔勃罗特的“龙”形图是由函数 $f(z)=z^2-m$ 生成的。这里的 $z$ 是复平面上的点，而 $m$ 是源值，图中黑色部分表示：当迭代次数趋向无穷时，函数值也趋向无穷的 $z$ 的区域。

捉摸的系统。复杂性是一个突发现象。圣菲研究所现在正在对这些思想进行研究。

自动机是上述复杂系统组成部分的一个例子。1970 年，剑桥大学数学家康威描述了一种叫作生命游戏的自动机。这种自动机模拟宇宙的游戏。在那里，进化的细胞占据二维空间的格子。在设定了所有格子的初始状态后，游戏就开始了。游戏中，每个细胞的生死依赖于相邻格子中生存的细胞数目。如果数目过多，则细胞就会由于拥挤而死亡；如果数目过少，则细胞又会由于孤独而死亡。一旦游戏开始，这一微型宇宙就会展示多样的结构，就像晃动的钻石所发出的闪闪光芒、蝴蝶的背纹，又像滑翔机越过大地的漫游。冯·诺伊曼在 20 世纪 40 年代起就开始了细胞自动机的研究，但是他这一未完成的著作直到他死后近十年的 1966 年才被出版。冯·诺伊曼证明了至少有一类可以自

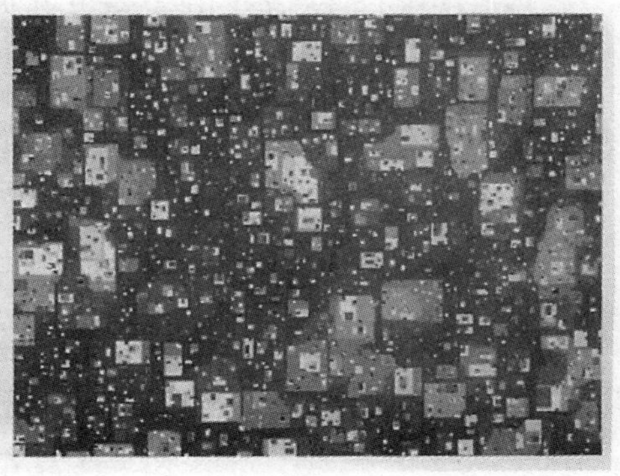

两个细胞自动机的快照。每个点（或称为细胞）的颜色，表示细胞的状态。下一个时刻的状态随这一细胞周围的细胞状态而变化。从随机的源域出发，上述基本规则会创造出进化的系统。这样的系统显现出处于有序和混沌之间的复杂结构。

我繁殖的细胞自动机。自我繁殖并不能使有机体总是保持原来的状态。软件不依赖于硬件，不管这一硬件是计算机还是大脑。由弗朗西斯科·里克和詹姆士·沃森于1953年发现的DNA的结构满足冯·诺伊曼关于自我再生系统的条件。1984年，斯蒂芬·渥尔夫·拉穆指出，自动机与非线性动力学有着奇异的相似性。他把细胞自动机分成四个“普遍类”。第一类和第二类经过几次循环产生静态的解。第一类到达一个固定不变的结构。第二类到达一个周期性的稳定结构。第三类是没有明显结构的混沌系统，而第四类包括了生命游戏及其他带有特殊变异的系统。克里斯多佛·兰顿进一步改进了这一分类，并发现了一个物态变化过程的系统，例如冰向水转化的过程中，会产生从有序到复杂再到混沌的转化。细胞自动机预示着新生物的诞生，在适当的条件下，这些自动机可以复制，甚至可以作为一台计算机，它不仅仅是充当运行程序的硬件角色，而且是一台冯·诺伊曼和图灵所称的万能计算机。生命游戏展示了生命行为是处于有序和混沌之间的状态。这是一个生物群体进行着自我调整的复杂状态。

1990年起，圣菲研究所变成了研究复杂系统的国际研究中心。也许现在评价它的影响还为时过早，但是数学的性质已经发生了变化，这一事实不容否认。这种变化给我们的生活哲理以及宇宙的结构带来了根本的变化。牛顿机械论已经终结，取而代之的是具有相互关联复杂性的进化模型。同生命一样，数学仍然是不可预测的。

为什么几何学经常被描述成“冷的”或是“干的”呢？原因在于它无法描绘一朵云、一座山、一条海岸线或是一棵树的形状。云彩不是球体，山不是锥体，海岸线不是圆的，树皮不是圆滑的。即使是光线，也不是沿直线传播的。

更一般的，我认为许多自然界的模式与欧几里得几何学相比非常不规则，而且是支离破碎的。自然界不仅展现出更高的度，而且展现出完全不同级别的复杂性。实际上，所有自然模式的长度的各种标度的个数是无穷的。这些模式的存在促使我们去学习研究被欧几里得看成是“无定形”而被抛弃到一旁的那些形式，去研究这些“无定形”的形态学。然而，以前的数学家们对这一挑战不屑一顾。他们把理论设计成与我们看到的或感觉到与自然界无关的东西，从而逃避自然界。我从拉丁语的形容词“碎云的”（fractus）一词出发杜撰了新词“分形”(fractal)。相应的拉丁语动词“frangere”意为“打碎……以创造不规则的碎片”。从这些词的含义中我们可以感觉到——这正是我们所需要的——除了“打碎”之外，“fractus”应该还有“不规则”的含义。上述两个含义都含在“fragment”这一单词中。

我相信，科学家们会惊奇地并高兴地发现那些他们称之为颗粒状的、水蛇状的、粉刺状的、带有疸痕状的、网络状的、海草般的、奇异状的、缠结在一起的、弯曲的、纤细的、起皱的等等不规则形状，都可以精确地定量逼近。

曼德尔勃罗特，《大自然的分形几何》，1977 年

# 译者后记

*Postscript*

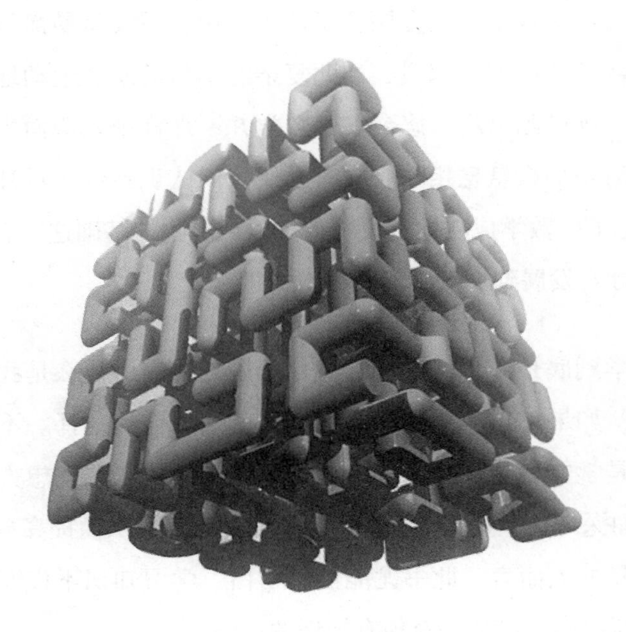

这是一部介绍数学史的书。然而，它既不是平铺直叙数学的发展，也不是孤立枯燥的数学记事，更不是数学史大全。它以一种全新的形式，向我们展示了在各个不同的文化背景下，数学是如何适应社会、宗教、文化和艺术的需求，与社会的进步一道一步一步发展到今天的：从巴伦泥土版到计算机及复杂性理论，从意大利文艺复兴到博弈论。作者把自己对数学的热爱倾注于此书之中，用浅显易懂但又不平庸的语言将数学这门如此深奥、如此复杂的学科的发展生动地展现于读者的面前。读过此书后，您会发现数学并不那样令人望而生畏，它与我们的生活是那么息息相关。同时也使我们认识到数学对社会和其他学科的重要性，数学成功地担负着人类认识事物的基础这一崇高的使命。我们的社会发展到今天离不开数学的进步。

数学到底是干什么的？它有什么用处？它为什么是我们认识事物的基础？如果你想了解的话，这本书就是最佳的选择。不管您是学理科的还是学文科的，我们认为，读此书都会使您在思想方法上有所收获，并加深对数学直至艺术和人文科学的理解，从而提高自身的素养。对学理科的人而言，此书尤能使您明白：学习知识不仅要知其然，更要知其所以然，以加深对现有知识的理解。

本书尤其适合高中生、大学生、研究生及广大教师阅读。我们将此书编译出版，并推荐给广大读者，希望它有助于提高我们国家的数学研究和数学教育水平，以迎接新世纪的挑战。

鉴于译者的水平有限，若有不当之处，欢迎批评指正。

冯速，马晶，冯丁妮 于北京

# 名校教师教研员阅读感言

我认真阅读了这本《数学的故事》，认为它不但能激发学生学习数学的兴趣，点燃学习数学的热情，还能引导学生形成一种探索与研究的习惯，形成正确的思维习惯。难能可贵的是，这本《数学的故事》还可以从某种程度上提高个人的美学修养，因为数学是美的，很多著名的数学定理、原理都闪现着美学的光辉。在美妙的阅读体验中，读者得以领悟数学的数之美、式之美、理之美、形之美。在感叹和欣赏几何图形的对称美、非欧几何的奇异美的同时，亦能提升数学的素养和审美能力。

纵观历史，我们发现数学家们坚持真理、不畏权威、坚持不懈、努力追求的精神，对人类文明的进步产生了巨大影响。从《数学的故事》中，可以看到数学问题在数学的历史进程中的重要作用：它既是数学发现的起点，又是数学发现的路标；它既有数学发展的探索和导向作用，又可以为数学的理论形式积累必要的资料；它既可以促进数学的发现和理论的创新，又可以激发人类的创造和进取精神。从某种意义上来说，《数学的故事》中讲的数学发展的历史，就是数学问题的提出和解决的历史。

认真阅读吧，你会发现：数学是一个神圣而美丽的学科。

（作者系中国人民大学附属中学数学高级教师、北京市学科带头人　王教凯）

我们除了要讲授定理、公式和例题，更应该讲授这些定理是如何被发现的，从而重现数学创造的真实过程。这本《数学的故事》用一个个深入浅出的故事，讲述了数学在人类历史长河中的重要作用，剖析了数学与文化之间的互动关系，从大量通俗的数学故事中反映了数学的文化内涵。跨越了不同的文化背景和领域的一个个发现，无一不在证明数学是推动人类文明发展的最重要的力量。

我认为这本书不仅给相关问题的研究者提供了很好的素材，而且对中小学教师站在一定高度理解数学教学、促进课程改革有着重要的参考价值。

（作者系北京师范大学平谷附中教师　陈欢）

当前，我国数学教学存在两个明显的问题，一是学习者对数学失去兴趣，越来越怕数学，二是数学越教越抽象。学习者不知道数学知识从哪里来，往哪里去。深化课改要从学习者的角度出发，提供更多的适合他们的素材和课程，才能促使其全面发展，提高学习数学的兴趣。为了达到“苟日新，日日新，又日新”培养创新型人才之目的，数学教学需要驻足静思，回顾数学发展的历史。《数学的故事》一书，便为我们提供了精彩而不可多得的素材。该书深入浅出的剖析、绘声绘色的描述、发幽探微的叙述、诙谐机智的手法、恰到好处的引用，将深奥变得浅显，将平淡变得有趣，将枯燥乏味变得鲜活灵动，读后有“仰之弥高，钻之弥坚，瞻之在前，忽焉在后”的体认，令人终生难忘。

如果说《数学的故事》看起来好像是一个个故事，不如说它是一段段数学发展的真实史料，它或让人慎思，或让人求索，或让人反思，抑或是让人产生好奇，娓娓道来，又让人产生许多遐想。本书让你在品味知识的同时也能大开眼界，通过时间隧道，你会走进一个神奇的数学世界。翻开《数学的故事》，你就拿到了打开数学大门的金钥匙。

（作者系浙江省宁波市鄞州区教育局教研室教研员　任伟芳）

**The Story of Mathematics**
by Richard Mankiewicz
First published in the United Kingdom in 2000 by Cassell & Co

First published by Weidenfeld & Nicolson Ltd, London

版权合同登记号：图字：30-2013-237 号

**图书在版编目 (CIP) 数据**

数学的故事 / ( 英 ) 曼凯维奇 (Mankiewicz,R.) 著；冯速等译 . -- 海口：海南出版社，2014.3 ( 2023.5 重印 )
书名原文：The story of mathematics
ISBN 978-7-5443-5283-3

Ⅰ . ①数… Ⅱ . ①曼… ②冯… Ⅲ . ①数学 - 普及读物 Ⅳ . ① O1-49

中国版本图书馆 CIP 数据核字 (2013) 第 255171 号

**数学的故事**
SHUXUE DE GUSHI

作　　者：[ 英国 ] 理查德・曼凯维奇 ( Richard Mankiewicz )
译　　者：冯　速　马　晶　冯丁妮
校　　订：沈以淡　王季华
责任编辑：张　雪
装帧设计：黎花莉
责任印制：杨　程
印刷装订：三河市祥达印刷包装有限公司
读者服务：唐雪飞
出版发行：海南出版社
总社地址：海口市金盘开发区建设三横路 2 号 邮编：570216
北京地址：北京市朝阳区黄厂路 3 号院 7 号楼 101 室
电　　话：0898-66812392　010-87336670
电子邮箱：hnbook@263.net
经　　销：全国新华书店
出版日期：2014 年 3 月第 1 版　2023 年 5 月第 12 次印刷
开　　本：787mm × 1092mm　1/16
印　　张：18　彩插：1
字　　数：180 千
书　　号：ISBN 978-7-5443-5283-3
定　　价：39.80 元